周小杏　吴继军　王宝霞◎著

现代林业

XIANDAI LINYE
SHENGTAI JIANSHE YU
ZHILI MOSHI CHUANGXIN

生态建设与治理模式创新

U0390627

黑龙江教育出版社

图书在版编目（C I P）数据

现代林业生态建设与治理模式创新 / 周小杏，吴继军，王宝霞著. -- 哈尔滨：黑龙江教育出版社，2021.7
ISBN 978-7-5709-2427-1

Ⅰ．①现… Ⅱ．①周… ②吴… ③王… Ⅲ．①林业—生态环境建设—研究②林业—生态环境—环境治理—研究 Ⅳ．①S718.5

中国版本图书馆CIP数据核字(2021)第143505号

现代林业生态建设与治理模式创新
XIANDAI LINYE SHENGTAI JIANSHE YU ZHILI MOSHI CHUANGXIN

周小杏　吴继军　王宝霞　著

责任编辑	邓玉洁　彭　勃
封面设计	刘乙睿
出版发行	黑龙江教育出版社
	（哈尔滨市道里区群力第六大道 1313 号）
印　　刷	黑龙江华文时代数媒科技有限公司
开　　本	787 毫米×1092 毫米　1/16
印　　张	11.5
字　　数	180 千
版　　次	2021 年 7 月第 1 版
印　　次	2021 年 7 月第 1 次印刷

书　　号　ISBN 978 - 7 - 5709 - 2427 - 1　　定　价　45.00 元

黑龙江教育出版社网址：www.hljep.com.cn
如需订购图书，请与我社发行中心联系。联系电话：0451 - 82533097　82534665
如有印装质量问题，影响阅读，请与我公司联系调换。联系电话：0451 - 87619957
如发现盗版图书，请向我社举报。举报电话：0451 - 82533087

前　言

现代林业是历史发展到今天的产物，是现代科学、经济发展和生态文明建设的必然结果。

森林承载着人类的过去，更支撑着人类的未来。森林生态环境是人类生存的基本条件，是社会经济发展的重要基础。当今世界正面临着森林资源减少、水土流失、土地沙化、环境污染，部分生物物种濒临灭绝等系列生态危机。各种自然灾害频繁发生，严重威胁着人类的生存和社会经济的可持续发展。保护森林、发展林业、改善环境、维护生态平衡，已成为全球环境问题的主题，越来越受到国际国内社会的普遍关注。

气候变暖、自然灾害频发、土地荒漠化、生物多样性减少等生态问题，引发了国际社会前所未有的深刻反思。世界各国积极应对各种生态问题带来的新挑战，开始重新思考并采取各种措施促进可持续发展。在此大背景下，国内外专家学者十分关注生态建设驱动力问题的研究，尝试从不同角度探讨和解释生态建设的系统动力，并提出了一些理论和对策，试图寻找新的驱动路径和战略选择，以改变目前这种被动状况。由于各国自然经济社会条件的差异，不同国家对生态建设驱动力问题的研究体现出不同特点。从世界范围来看，欧洲国家提出了生态现代化发展理论，致力于推进欧盟国家的环境合作进程，并积极向其他国家传播生态现代化理念。

本书在编写过程中，搜集、查阅、参考了大量前人的相关研究成果，在此向所有前辈和广大同仁致以诚挚的敬意和谢意！由于时间仓促，编者能力有限，书中难免有错漏谬误之处，请批评指正！

目 录

第一章 现代林业基本理论

第一节 我国林业资源分布与功能

一、我国林业资源的分布

（一）森林资源

林业资源的核心是森林资源,根据《中国森林资源状况》,在行政区划的基础上,依据自然条件、历史条件和发展水平,把全国划分为:东北地区、华北地区、西北地区、西南地区、华南地区、华东地区和华中地区,进行森林资源的格局特征分析。

1. 东北地区

东北林区是中国重要的重工业和农林牧生产基地,包括辽宁、吉林和黑龙江省,跨越寒温带、中温带、暖温带,属大陆性季风气候。除长白山部分地段外,地势平缓,分布落叶松、红松林及云杉、冷杉和针阔混交林,是中国森林资源最集中分布区之一,森林覆盖率 41.60%。全区林业用地面积3 763.48 万 hm²,占土地面积的 47.68%,活立木总蓄积量 300 227.97 万 m³占全国活立木总蓄积量的 18.27%,其中森林蓄积 281 790.67 万 m³ 占该区活立木总蓄积量的 93.86%。

2. 华北地区

华北地区包括北京、天津、河北、山西和内蒙古。该区自然条件差异较大,跨越温带、暖温带,以及湿润、半温润、干旱和半干旱区,属大陆性季风气候。分布有松柏林、松栋林、云杉林、落叶阔叶林,以及内蒙古东部兴安落叶松林等多种森林类型,除内蒙古东部的大兴安岭为森林资源集中分布的林区外,其他地区均为少林区。

3. 西北地区

西北地区包括陕西、甘肃、宁夏、青海和新疆。该区自然条件差,生态环境脆弱,境内大部分为大陆性气候,寒暑变化剧烈,除陕西和甘肃东南部降水丰富外,其他地区降水量稀少,为全国最干旱的地区,森林资源稀少,森林覆盖率仅为8.16%。森林主要分布在秦岭、大巴山、小陇山、洮河和白龙江流域、黄河上游、贺兰山、祁连山、天山、阿尔泰山等处,以暖温带落叶阔叶林、北亚热带常绿落叶阔叶混交林以及山地针叶林为主。

4. 华中地区

华中地区包括安徽、江西、河南、湖北和湖南,该区南北温差大,夏季炎热,冬季比较寒冷,降水量丰富,常年降水量比较稳定,水热条件优越。森林主要分布在神农架、沅江流域、资江流域、湘江流域、赣江流域等处,主要为常绿阔叶林,并混生落叶阔叶林,马尾松、杉木、竹类分布面积也非常广,森林覆盖率39.87%。

5. 华南地区

华南地区包括广东、广西、海南和福建。该区气候炎热多雨,无真正的冬季,跨越南亚热带和热带气候区,分布有南亚热带常绿阔叶林、热带雨林和季雨林,森林覆盖率为56.69%。全区林业用地面积1 891.28万 hm^2,占土地面积的33.12%,活立木总蓄积量170 040.3万 m^3,占全国活立木总蓄积量的10.35%,其中森林蓄积156 319.49万 m^3,占该区活立木总蓄积量的91.93%。

6. 华东地区

华东地区包括上海、江苏、浙江和山东。该区临近海岸地带,其大部分地区因受台风影响获得降水,降水量丰富,而且四季分配比较均匀,森林类型多样,树种丰富,低山丘陵以常绿阔叶林为主,森林覆盖率为23.37%。全区林业用地面积847.17万 hm^2,占土地面积的23.37%,活立木总蓄积量45 427.34万 m^3,占全国活立木总蓄积量的2.76%,其中森林蓄积37 255.89万 m^3,占该区活立木总蓄积量的82.01%。

7. 西南地区

西南地区包括重庆、四川、云南、贵州和西藏。该区垂直高差大,气温差异显著,形成明显的垂直气候带与相应的森林植被带,森林类型多样,树种丰富,森林覆盖率仅为 16.78%。森林主要分布在岷江上游流域、青衣江流域、大渡河流域、雅砻江流域、金沙江流域、澜沧江和怒江流域、滇南山区、大围山、渠江流域、峨眉山等处全区林业用地面积 10 278.16 万 hm²,占土地面积的 43.67%,活立木总蓄积量 681 598.58 万 m³,占全国活立木总蓄积量的 41.48%,其中森林蓄积 644 065.37 万 m³,占该区活立木总蓄积量的 94.49%。

（二）湿地资源

根据国家林业和草原局《全国湿地资源调查简报》,中国湿地分布较为广泛,几乎各地都有,受自然条件的影响,湿地类型的地理分布有明显的区域差异。

1. 沼泽分布

我国沼泽以东北三江平原、大兴安岭、小兴安岭、长白山地、四川若尔盖和青藏高原为多,各地河漫滩、湖滨、海滨一带也有沼泽发育,山区多木本沼泽,平原则草本沼泽居多。

2. 湖泊湿地分布

我国的湖泊湿地主要分布于长江及淮河中下游、黄河及海河下游和大运河沿岸的东部平原地区湖泊、蒙新高原地区湖泊、云贵高原地区湖泊、青藏高原地区湖泊、东北平原地区与山区湖泊。

3. 河流湿地分布

因受地形、气候影响,河流在地域上的分布很不均匀,绝大多数河流分布在东部气候湿润多雨的季风区;西北内陆气候干旱少雨,河流较少,并有大面积的无流区。

4. 近海与海岸湿地分布

我国近海与海岸湿地主要分布于沿海省份,以杭州湾为界,杭州湾以北除山东半岛、辽东半岛的部分地区为岩石性海滩外,多为沙质和淤泥质海滩,由环渤海滨海和江苏滨海湿地组成;杭州湾以南以岩石性海滩为主,主要有钱塘江—杭州湾湿地、晋江口—泉州湾湿地、珠江口河口湾和北部湾湿地等。

5.库塘湿地分布

属于人工湿地,主要分布于我国水利资源比较丰富的东北地区、长江中上游地区、黄河中上游地区以及广东等。

二、我国林业的主要功能

根据联合国《千年生态系统评估报告》,生态系统服务功能包括生态系统对人类可以产生直接影响的调节功能、供给功能和文化功能,以及对维持生态系统的其他功能具有重要作用的支持功能(如土壤形成、养分循环和初级生产等)。生态系统服务功能的变化通过影响人类的安全、维持高质量生活的基本物质需求、健康,以及社会文化关系等对人类福利产生深远的影响。林业资源作为自然资源的组成部分,同样具有调节、供给和文化三大服务功能。调节服务功能包括固碳释氧、调节小气候、保持水土、防风固沙、涵养水源和净化空气等方面;供给服务功能包括提供木材与非木质林产品;文化服务功能包括美学与文学艺术、游憩与保健疗养、科普、教育、宗教与民俗等方面。

(一)固碳释氧

森林作为陆地生态系统的主体,在稳定和减缓全球气候变化方面起着至关重要的作用。森林植被通过光合作用可以吸收固定 CO_2,成为陆地生态系统中 CO_2 最大的贮存库和吸收汇。而毁林开荒、土地退化、筑路和城市扩张导致毁林,也导致温室气体向大气排放。以森林保护、造林和减少毁林为主要措施的森林减排已经成为应对气候变化的重要途径。

据 IPCC 估计,全球陆地生态系统碳贮量约 2 480 Gt,其中植被碳贮量约占 20%,土壤碳约占 80%。占全球土地面积 27.6% 的森林,其森林植被的碳贮量约占全球植被的 77%,森林土壤的碳贮量约占全球土壤的 39%。单位面积森林生态系统碳贮量是农地的 1.9 ~ 5.0 倍,土壤和植被碳库的比率在北方森林为 5,但在热带林仅为 1。可见,森林生态系统是陆地生态系统中最大的碳库,其增加或减少都将对大气 CO_2 产生重要影响。

人类使用化石燃料、进行工业生产以及毁林开荒等活动导致大量的 CO_2 向大气排放,使大气 CO_2 浓度显著增加。陆地生态系统和海洋吸收其中的一部分排放,但全球排放量与吸收量之间仍存在不平衡。这就是被科学界常常提到的 CO_2 失汇现象。

(二)调节小气候

1.调节温度作用

林带改变气流结构和降低风速作用的结果必然会改变林带附近的热量收支,从而引起温度的变化。但是,这种过程十分复杂,影响防护农田内气温因素不仅包括林带结构、下垫面性状,而且还涉及风速、湍流交换强弱、昼夜时相、季节、天气类型、地域气候背景等。

在实际蒸散和潜在蒸散接近的湿润地区,防护区内影响温度的主要因素为风速,在风速降低区内,气温会有所增加;在实际蒸散小于潜在蒸散的半湿润地区,由于叶面气孔的调节作用开始产生影响,一部分能量没有被用于土壤蒸发和植物蒸腾而使气温降低,因此这一地区的防护林对农田气温的影响具有正负两种可能性。在半湿润易干旱或比较干旱地区,由于植物蒸腾作用而引起的降温作用比因风速降低而引起的增温作用程度相对显著,因此这一地区防护林具有降低农田气温的作用。我国华北平原属于干旱半干旱季风气候区,该地区的农田防护林对温度影响的总体趋势是夏秋季节和白天具有降温作用,在春冬季节和夜间气温具有升温及气温变幅减小作用。据河南省林业科学研究院测定:豫北平原地区农田林网内夏季日平均气温比空旷地低0.5℃~2.6℃,在冬季日平均气温比空旷地高0.5℃~0.7℃;在严重干旱的地区,防护林对农田实际蒸散的影响较小,这时风速的降低成为影响气温决定因素,防护林可导致农田气温升高。

2.调节林内湿度作用

在防护林带作用范围内,风速和乱流交换的减弱,使得植物蒸腾和土壤蒸发的水分在近地层大气中逗留的时间要相对延长,因此,近地面的空气湿度常常高于旷野。宋兆明等研究证实:黄淮海平原黑龙港流域农田林网内活动面上相对湿度大于旷野,其变化值在 1%~7%;王学雷研究表明:江汉平原湖区农田林网内相对湿度比空旷地提高了 3%~5%。据在甘肃河西走廊的研究,林木初叶期,林网内空气相对湿度可提高3%~14%,全叶期提高9%~24%,在生长季节中,一般可使网内空气湿度提高7%左右;李增嘉对山东平原县 3 m×15 m 的桃麦、梨麦、苹麦间作系统的小气候效应观测研究表明:小麦乳熟期间,麦桃、麦梨间做系统空气相对湿度比单作麦田分别提高 9.5%、3% 和 13.1%。据研究株行距 4 m×25 m 的桐粮间作系统、3 m×20 m 的杨粮系统在小麦灌浆期期间,对比单作麦田,相对湿度分别提高 7%~10% 和 6%~11%,可有效地减轻干热风对小麦的危害;宫伟光等对东北松嫩平原 5 m×30 m 樟子松间作式草牧场防护林小气候效应研究表明:幼龄期春季防护林网内空气湿度比旷野高 6.89%。

3. 调节风速

防护林最显著的小气候效应是防风效应或风速减弱效应。人类营造防护林最原始的目的就是借助于防护林减弱风力,减少风害。故防护林素有"防风林"之称。防护林减弱风力的主要原因有:①林带对风起一种阻挡作用,改变风的流动方向,使林带背风面的风力减弱;②林带对风的阻力,从而夺取风的动量,使其在地面逸散,风因失去动量而减弱;③减弱后的风在下风方向不要经过很久即可逐渐恢复风速,这是因为通过湍流作用,有动量从风力较强部分被扩散的缘故。从力学角度而言,防护林防风原理在于气流通过林带时,削弱了气流动能而减弱了风速。动能削弱的原因来自 3 个方面:其一,气流穿过林带内部时,由于与树干及枝叶的摩擦,使部分动能转化为热能部分,与此同时由于气流受林木类似筛网或栅栏的作用,将气流中的大旋涡分割成若干小旋涡而消耗了动能,这些小旋涡又互相碰撞和摩擦,进一步削弱了气流的大量能量;其二,气流翻越林带时,在林带的抬升和摩擦下,与上空气流汇合,损失部分动能;其三,穿过林带的气流和翻越林带的气流,在背风面一定距离内汇合时,又造成动能损失,致使防护林背风区风速减弱最为明显。

(三)保持水土

1. 森林对降水再分配作用

降水经过森林冠层后发生再分配过程,再分配过程包括 3 个不同的部分,即穿透降水、茎流水和截留降水。穿透降水是指从植被冠层上滴落下来的或从林冠空隙处直接降落下来的那部分降水;茎流水是指沿着树干流至土壤的那部分水分;截留降水系是指雨水以水珠或薄膜形式被保持在植物体表面、树皮裂隙中以及叶片与树枝的角隅等处,截留降水很少达到地面,而通过物理蒸发返回到大气中。

森林冠层对降水的截留受到众多因素的影响,主要有降水量、降水强度和降水的持续时间以及当地的气候状况,并与森林组成、结构、郁闭度等因素密切相关。根据观测研究,我国主要森林生态系统类型的林冠年截留量平均值为 134.0~626.7 mm,变动系数 14.27%~40.53%,热带山地雨林的截留量最大,为 626.7 mm,寒温带、温带山地常绿针叶林的截留量最小,只有 134.0 mm,两者相差 4.68 倍。我国主要森林生态系统林冠的截留率的平均值为 11.40%~34.34%,变动系数 6.86%~55.05%。亚热带、热带西南部高山常绿针叶林的截留损失率最大,为 34.34%;亚热带山地常绿落叶阔叶混交林截留损失率最小,为 11.4%。

研究表明,林分郁闭度对林冠截留的影响远大于树种间的影响。森林的覆盖度越高,层次结构越复杂,降水截留的层面越多,截留量也越大。

2. 森林对地表径流的作用

(1)森林对地表径流的分流阻滞作用

当降雨量超过森林调蓄能力时,通常产生地表径流,但是降水量小于森林调蓄水量时也可能会产生地表径流。分布在不同气候地带的森林都具有减少地表径流的作用。在热带地区,对热带季雨林与农地(刀耕火种地)的观测表明,林地的地表径流系数在 1% 以下,最大值不到 10%;而农地则多为 10%~50%,最大值超过 50%,径流次数也比林地多约 20%,径流强度随降雨量和降雨时间增加而增大的速度和深度也比林地突出[1]。

(2)森林延缓地表径流历时的作用

森林不但能够有效地削减地表径流量,而且还能延缓地表径流历时。一般情况下,降水持续时间越长,产流过程越长;降水初始与终止时的强度越大,产流前土壤越湿润,产流开始的时间就越快,而结束径流的时间就越迟。这是地表径流与降水过程的一般规律。从森林生态系统的结构和功能分析,森林群落的层次结构越复杂,枯枝落叶层越厚,土壤孔隙越发育,产流开始的时间就越迟,结束径流的时间相对较晚,森林削减和延缓地表径流的效果越明显。例如在相同的降水条件下,不同森林类型的产流与终止时间分别比降水开始时间推迟 7~50 min,而结束径流的时间又比降水终止时间推迟40～500 min。结构复杂的森林削减和延缓径流的作用远比结构简单的草坡地强。在多次出现降水的情况下,森林植被出现的洪峰均比草坡地的低;而在降水结束,径流逐渐减少时,森林的径流量普遍比草坡地大,明显的显示出森林削减洪峰、延缓地表径流的作用。但是,发育不良的森林,例如只有乔木层,无灌木、草本层和枯枝落叶层,森林调节径流量和延缓径流过程的作用会大大削弱,甚至也可能产生比草坡地更高的径流流量。

（3）森林对土壤水蚀的控制作用

森林地上和地下部分的防止土壤侵蚀功能,主要有几个方面:①林冠可以拦截相当数量的降水量,减弱暴雨强度和延长其降落时间;②可以保护土壤免受破坏性雨滴的机械破坏作用;③可以提高土壤的入渗力,抑制地表径流的形成;④可以调节融雪水,使吹雪的程度降到最低;⑤可以减弱土壤冻结深度,延缓融雪,增加地下水贮量;⑥根系和树干可以对土壤起到机械固持作用;⑦林分的生物小循环对土壤的理化性质、抗水蚀、风蚀能力起到改良作用。

（四）防风固沙

1.固沙作用

森林以其茂密的枝叶和聚积枯落物庇护表层沙粒,避免风的直接作用;同时植被作为沙地上一种具有可塑性结构的障碍物,使地面粗糙度增大,大大降低近地层风速;植被可加速土壤形成过程,提高黏结力,根系也起到固结沙粒作用;植被还能促进地表形成"结皮",从而提高临界风速值,增强了抗风蚀能力,起到固沙作用,其中植被降低风速作用最为明显也最为重要。植被降低近地层风速作用大小与覆盖度有关,覆盖度越大,风速降低值越大。内蒙古农业大学林学院通过对各种灌木测定,当植被覆盖度大于30%时,一般都可降低风速40%以上。

2.阻沙作用

由于风沙流是一种贴近地表的运动现象,因此,不同植被固沙和阻沙能力的大小,主要取决于近地层枝叶分布状况。近地层枝叶浓密,控制范围较大的植物,其固沙和阻沙能力也较强。在乔、灌、草3类植物中,灌木多在近地表处丛状分枝,固沙和阻沙能力较强。乔木只有单一主干,固沙和阻沙能力较弱,有些乔木甚至树冠已郁闭,表层沙仍然继续流动。多年生草本植物基部丛生亦具固沙和阻沙能力,但比之灌木植株低矮,固沙范围和积沙数量均较低,加之入冬后地上部分干枯,所积沙堆因重新裸露而遭吹蚀,因此不稳定。这也是在治沙工作中选择植物种时首选灌木的原因之一。而不同灌木,其近地层枝叶分布情况和数量亦不同,固沙和阻沙能力也有差异,因而选择时应进一步分析。

3. 对风沙土的改良作用

植被固定流沙以后,大大加速了风沙土的成土过程。植被对风沙土的改良作用,主要表现在以下几个方面:①机械组成发生变化,粉粒、黏粒含量增加。②物理性质发生变化,比重、容重减少,孔隙度增加。③水分性质发生变化,田间持水量增加,透水性减慢。④有机质含量增加。⑤氮、磷、钾三要素含量增加。⑥碳酸钙含量增加,pH 值提高。⑦土壤微生物数量增加。据中国科学院兰州沙漠研究所陈祝春等人测定,沙坡头植物固沙区(25 年),表面 1 cm 厚土层微生物总数 243.8 万个/g 干土,流沙仅为 7.4 万个/g 干土,约比流沙增加 30 多倍。⑧沙层含水率减少,据陈世雄在沙坡头观测,幼年植株耗水量少,对沙层水分影响不大,随着林龄的增加,对沙层水分产生显著影响。在降水较多年份。

(五)涵养水源

1. 净化水质作用

森林对污水净化能力也极强。据测定,从空旷的山坡上流下的水中,污染物的含量为 169 g/m²,而从林中流下来的水中污染物的含量只有 64 g/m²。污水通过 30~40 m 的林带后,水中所含的细菌数量比不经过林带的减少 50%。一些耐水性强的树种对水中有害物质有很强的吸收作用,如柳树对水溶液中的氰化物去除率达 94%~97.8%。湿地生态系统则可以通过沉淀、吸附、离子交换、络合反应、硝化、反硝化、营养元素的生物转化和微生物分解过程处理污水。

2. 削减洪峰

森林通过乔、灌、草及枯落物层的截持含蓄、大量蒸腾、土壤渗透、延缓融雪等过程,使地表径流减少,甚至为零,从而起到削减洪水的作用。这一作用的大小,又受到森林类型、林分结构、林地土壤结构和降水特性等的影响。通常,复层异龄的针阔混交林要比单层同龄纯林的作用大,对短时间降水过程的作用明显,随降水时间的延长,森林的削洪作用也逐渐减弱,甚至到零。因此,森林的削洪作用有一定限度,但不论作用程度如何,各地域的测定分析结果证实,森林的削洪作用是肯定的。

(六)净化空气

1.滞尘作用

大气中的尘埃是造成城市能见度低和对人体健康产生严重危害的主要污染物之一。据统计,全国城市中有一半以上大气中的总悬浮颗粒物(TSP)年平均质量浓度超过310 μg/m³ 百万人口以上的大城市的TSP浓度更大,一半以上超过410 μg/m³ 超标的大城市占93%。人们在积极采取措施减少污染源的同时,更加重视增加城市植被覆盖,发挥森林在滞尘方面的重要作用。

2.杀菌作用

植物的绿叶,能分泌出如酒精、有机酸和菇类等挥发性物质,可杀死细菌、真菌和原生动物。如香樟、松树等能够减少空气中的细菌数量,1 hm² 松、柏每日能分泌60 kg 杀菌素,可杀死白喉、肺结核、痢疾等病菌。另外,树木的枝叶可以附着大量的尘埃,因而减少了空气中作为有害菌载体的尘埃数量,也就减少了空气中的有害菌数量,净化了空气。绿地不仅能杀灭空气中的细菌,还能杀灭土壤里的细菌。有些树林能杀灭流过林地污水中的细菌,如1 m³ 污水通过30～40 m 宽的林带后,其含菌量比经过没有树林的地面减少一半;又如通过30 年生的杨树、桦树混交林,细菌数量能减少90%。

杀菌能力强的树种有夹竹桃、稠李、高山榕、樟树、桉树、紫荆、木麻黄、银杏、桂花、玉兰、千金榆、银桦、厚皮香、柠檬、合欢、圆柏、核桃、核桃楸、假槟榔、木菠萝、雪松、刺槐、垂柳、落叶松、柳杉、云杉、柑橘、侧柏等。

3.增加空气中负离子及保健物质含量

森林能增加空气负离子含量。森林的树冠、枝叶的尖端放电以及光合作用过程的光电效应均会促使空气电解,产生大量的空气负离子。空气负离子能吸附、聚集和沉降空气中的污染物和悬浮颗粒,使空气得到净化。空气中正、负离子可与未带电荷的污染物相互作用接合,对工业上难以除去的飘尘有明显的沉降效果。空气负离子同时有抑菌、杀菌和抑制病毒的作用。空气负离子对人体具有保健作用,主要表现在调节神经系统和大脑皮层功能,加强新陈代谢,促进血液循环,改善心、肺、脑等器官的功能等。

植物的花叶、根芽等组织的油腺细胞不断地分泌出一种浓香的挥发性有机物,这种气体能杀死细菌和真菌,有利于净化空气、提高人们的健康水平,被称为植物精气。森林植物精气的主要成分是芳香性碳水化合物——萜烯,主要包含有香精油、乙醇、有机酸、酮等。这些物质有利于人们的身体健康,除杀菌外,对人体有抗炎症、抗风湿、抗肿瘤、促进胆汁分泌等功效。

第二节　现代林业的概念与内涵

现代林业是一个具有时代特征的概念,随着经济社会的不断发展,现代林业的内涵也在不断地发生着变化。正确理解和认识新时期现代林业的基本内涵,对于指导现代林业建设的实践具有重要的意义。

一、现代林业的概念

早在改革开放初期,我国就有人提出了建设现代林业。当时人们简单地将现代林业理解为林业机械化,后来又走入了只讲生态建设,不讲林业产业的朴素生态林业的误区。张新中在《现代林业论》一书中对现代林业的定义是:现代林业即在现代科学认识基础上,用现代技术装备武装和现代工艺方法生产以及用现代科学方法管理的,并可持续发展的林业。徐国祯提出,区别于传统林业,现代林业是在现代科学的思维方式指导下,以现代科学理论、技术与管理为指导,通过新的森林经营方式与新的林业经济增长方式,达到充分发挥森林的生态、经济、社会与文明功能,担负起优化环境,促进经济发展,提高社会文明,实现可持续发展的目标和任务。江泽慧在《中国现代林业》中提出:现代林业是充分利用现代科学技术和手段,全社会广泛参与保护和培育森林资源,高效发挥森林的多种功能和多重价值,以满足人类日益增长的生态、经济和社会需求的林业。

今天,林业发展的经济和社会环境、公众对林业的需求等都发生了很大的变化,如何界定现代林业这一概念,仍然是建设现代林业中首先应该明确的问题。

从字面上看,现代林业是一个偏正结构的词组,包括"现代"和"林业"两个部分,前者是对后者的修饰和限定。汉语词典对"现代"一词有以下几种释义:一是指当今的时代,可以对应于从前的或过去的;二是新潮的、时髦的意思,可以对应于传统的或落后的;三是历史学中特定的时代划分,即鸦片战争前为古代、鸦片战争以后到中华人民共和国成立前为近代、中华人民共和国成立以来即为现代。我们认为,现代林业并不是一个历史学概念,而是一个相对动态的概念,无须也无法界定其起点和终点。对于现代林业中的"现代"应该从前两个含义进行理解,也就是说现代林业应该是能够体现当今时代特征的、先进的、发达的林业。

随着时代的发展,林业本身的范围、目标和任务也在发生着变化。从林业资源所涵盖的范围来看,我国的林业资源不仅包括林地、林木等传统的森林资源,同时还包括湿地资源、荒漠资源,以及以森林、湿地、荒漠生态系统为依托生存的野生动植物资源。从发展目标和任务看,已经从传统的以木材生产为核心的单目标经营,转向重视林业资源的多种功能,追求多种效益。我国林业不仅要承担木材及非木质林产品供给的任务,同时还要在维护国土生态安全、改善人居环境、发展林区经济、促进农民增收、弘扬生态文化、建设生态文明中发挥重要的作用。

综合以上两个方面的分析,可以得出衡量一个国家或地区的林业是否达到了现代林业的要求,最重要的就是考察其发展理念、生产力水平、功能和效益是否达到了所处时代的领先水平。建设现代林业就是要遵循当今时代最先进的发展理念,以先进的科学技术、精良的物质装备和高素质的务林人为支撑,运用完善的经营机制和高效的管理手段,建设完善的林业生态体系、发达的林业产业体系和繁荣的生态文化体系,充分发挥林业资源的多种功能和多重价值,最大限度地满足社会的多样化需求。

按照论理学的理论,概念是对事物最一般、最本质属性的高度概括,是人类抽象的、普遍的思维产物。先进的发展理念、技术和装备、管理体制等都是建设现代林业过程中的必要手段,而最终体现出来的是林业发展的状态和方向。因此,现代林业就是可持续发展的林业,它是指充分发挥林业资源的多种功能和多重价值,不断满足社会多样化需求的林业发展状态和方向。

二、现代林业的内涵

内涵是对某一概念中所包含的各种本质属性的具体界定。虽然"现代林业"这一概念的表述方式可以是相对不变的,但是随着时代的变化,其现代的含义和林业的含义都是不断丰富和发展的。

对于现代林业的基本内涵,在不同时期,国内许多专家给予了不同的界定。有的学者认为,现代林业是由一个目标(发展经济、优化环境、富裕人民、贡献国家)、两个要点(森林和林业的新概念)、三个产业(林业第三产业、第二产业、第一产业)彼此联系在一起综合集成形成的一个高效益的林业持续发展系统。还有的学者认为,现代林业强调以生态环境建设为重点,以产业化发展为动力,全社会广泛参与和支持为前提,积极广泛地参与国际交流合作,从而实现林业资源、环境和产业协调发展,经济、环境和社会效益高度统一的林业。现代林业与传统林业相比,其优势在于综合效益高,利用范围很大,发展潜力很突出。

江泽慧将现代林业的内涵概述为:以可持续发展理论为指导,以生态环境建设为重点,以产业化发展为动力,以全社会共同参与和支持为前提,广泛地参与国际交流与合作,实现林业资源、环境和产业协调发展,环境效益、经济效益和社会效益高度统一。

贾治邦指出:现代林业,就是科学发展的林业,以人为本、全面协调可持续发展的林业,体现现代社会主要特征,具有较高生产力发展水平,能够最大限度拓展林业多种功能,满足社会多样化需求的林业。同时,从发展理念、经营目标、科学技术、物质装备、管理手段、市场机制、法律制度、对外开放、人员素质9个方面论述了建设现代林业的基本要求,这一论述较为全面地概括了现代林业的基本内涵。

综上所述,中国现代林业的基本内涵可表述为:以建设生态文明社会为目标,以可持续发展理论为指导,用多目标经营做大林业,用现代科学技术提升林业,用现代物质条件装备林业,用现代信息手段管理林业,用现代市场机制发展林业,用现代法律制度保障林业,用扩大对外开放拓展林业,用高素质新型务林人推进林业,努力提高林业科学化、机械化和信息化水平,提高林地产出率、资源利用率和劳动生产率,提高林业发展的质量、素质和效益,建设完善的林业生态体系、发达的林业产业体系和繁荣的生态文化体系。

（一）现代发展理念

理念就是理性的观念,是人们对事物发展方向的根本思路。现代林业的发展理念,就是通过科学论证和理性思考而确立的未来林业发展的最高境界和根本观念,主要解决林业发展走什么道路、达到什么样的最终目标等根本方向问题。因此,现代林业的发展理念,必须是最科学的,既符合当今世界林业发展潮流,又符合中国的国情和林情。

中国现代林业的发展理念应该是:以可持续发展理论为指导,坚持以生态建设为主的林业发展战略,全面落实科学发展观,最终实现人与自然和谐的生态文明社会。这一发展理念的四个方面是一脉相承的,也是一个不可分割的整体。

可持续发展理论是在人类社会经济发展面临着严重的人口、资源与环境问题的背景下产生和发展起来的,联合国环境规划署把可持续发展定义为满足当前需要而又不削弱子孙后代满足其需要之能力的发展。可持续发展的核心是发展,重要标志是资源的永续利用和良好的生态环境。可持续发展要求既要考虑当前发展的需要,又要考虑未来发展的需要,不以牺牲后代人的利益为代价。在建设现代林业的过程中,要充分考虑发展的可持续性,既充分满足当代人对林业三大产品的需求,又不对后代人的发展产生影响。大力发展循环经济,建设资源节约型、生态良好和环境友好型社会,必须合理利用资源、大力保护自然生态和自然资源,恢复、治理、重建和发展自然生态和自然资源,是实现可持续发展的必然要求。可持续林业发展是从健康和完整的生态系统、生物多样性、良好的环境及主要林产品持续生产等诸多方面,反映了现代林业的多重价值观。

（二）多目标经营

森林具有多种功能和多种价值,从单一的经济目标向生态、经济、社会多种效益并重的多目标经营转变,是当今世界林业发展的共同趋势。由于各国的国情、林情不同,其林业经营目标也各不相同。德国、瑞士、法国、奥地利等林业发达国家在总结几百年来林业发展经验和教训的基础上提出了近自然林业模式;美国提出了从人工林计划体系向生态系统经营的高层过渡;在日本则通过建设人工培育天然林、复层林、混交林等措施来确保其多目标的实现。通过我国对林业发展道路进行了深入系统的研究和探索,提出了符合我国国情林情的林业分工理论,按照林业的主导功能特点或要求分类,并按各类的特点和规律运行的林业经营体制和经营模式,通过森林功能性分类,充分发挥林业资源的多种功能和多种效益,不断增加林业生态产品、物质产品和文化产品的有效供给,持续不断地满足社会和广大民众对林业的多样化需求。

中国现代林业的最终目标是建设生态文明社会,具体目标是实现生态、经济、社会三大效益的最大化。

第三节　我国现代林业建设的主要任务

一、我国现代林业建设的主要任务

发展现代林业,建设生态文明是中国林业发展的方向、旗帜和主题。现代林业建设的主要任务是,按照生态良好、产业发达、文化繁荣、发展和谐的要求,着力构建完善的林业生态体系、发达的林业产业体系和繁荣的生态文化体系,充分发挥森林的多种功能和综合效益,不断满足人类对林业的多种需求。重点实施好天然林资源保护、退耕还林、湿地保护与恢复、城市林业等多项生态工程,建立以森林生态系统为主体的、完备的国土生态安全保障体系,是现代林业建设的基本任务。随着我国经济社会的快速发展,林业产业的外延在不断拓展,内涵在不断丰富。建立以林业资源节约利用、高效利用、综合利用、循环利用为内容的发达产业体系是现代林业建设的重要任务。林业产业体系建设重点应包括加快发展以森林资源培育为基础的林业第一产业,全面提升以木竹加工为主的林业第二产业,大力发展以生态服务为主的林业第三产业。建立以生态文明为主要价值取向的、繁荣的林业生态文化体系是现代林业建设的新任务。生态文化体系建设的重点是努力构建生态文化物质载体,促进生态文化产业发展,加大生态文化的传播普及,加强生态文化基础教育,提高生态文化体系建设的保障能力,开展生态文化体系建设的理论研究。

（一）努力构建人与自然和谐的、完善的生态体系

林业生态体系包括三个系统一个多样性,即森林生态系统、湿地生态系统、荒漠生态系统和生物多样性。

努力构建人与自然和谐的完善的林业生态体系,必须加强生态建设,充分发挥林业的生态效益,着力建设森林生态系统,大力保护湿地生态系统,不断改善荒漠生态系统,努力维护生物多样性,突出发展,强化保护,提升质量,努力建设布局科学、结构合理、功能完备、效益显著的林业生态体系。到2020年,全国森林覆盖率已达到23%以上,建成生态环境良好国家。

（二）不断完善充满活力的、发达的林业产业体系

林业产业体系包括第一产业、第二产业、第三产业和一个新兴产业。不断完善充满活力的发达的林业产业体系,必须加快产业发展,充分发挥林业的经济效益,全面提升传统产业,积极发展新兴产业,以兴林富民为宗旨,完善宏观调控,加强市场监管,优化公共服务,坚持低投入、高效益,低消耗、高产出,努力建设品种丰富、优质高效、运行有序、充满活力的林业产业体系。

各类商品林基地建设取得新进展,优质、高产、高效、新兴林业产业迅猛发展,林业经济结构得到优化,2020年,林业产业总产值达到50 000亿元,森林蓄积量达到150亿 m³,建成林业产业强国[2]。

（三）逐步建立丰富多彩的、繁荣的生态文化体系

生态文化体系包括植物生态文化、动物生态文化、人文生态文化和环境生态文化等。

逐步建立丰富多彩的繁荣的生态文化体系,必须培育生态文化,充分发挥林业的社会效益,大力繁荣生态文化,普及生态知识,倡导生态道德,增强生态意识,弘扬生态文明,以人与自然和谐相处为核心价值观,以森林文化、湿地文化、野生动物文化为主体,努力构建主题突出、内涵丰富、形式多样、喜闻乐见的生态文化体系。

加快城乡绿化,改善人居环境,发展森林旅游,增进人民健康,提供就业

机会,增加农民收入,促进新农村建设。在 2020 年,森林公园达到 3 000 处以上,70% 的城市林木覆盖率达到 35%,人均公共绿地达到 12 m² 以上。

（四）大力推进优质高效的服务型林业保障体系

林业保障体系包括科学化、信息化、机械化三大支柱和改革、投资两个关键,涉及绿色办公、绿色生产、绿色采购、绿色统计、绿色审计、绿色财政和绿色金融等。

林业保障体系要求林业行政管理部门切实转变职能、理顺关系、优化结构、提高效能,做到权责一致、分工合理、决策科学、执行顺畅、监督有力、成本节约,为现代林业建设提供体制保障。

大力推进优质高效的服务型林业保障体系,必须按照科学发展观的要求,大力推进林业科学化、信息化、机械化进程;坚持和完善林权制度改革,进一步加快构建现代林业体制机制,进一步扩大重点国有林区、国有林场的改革,加大政策调整力度,逐步理顺林业机制,加快林业部门的职能转变,建立和推行生态文明建设绩效考评与问责制度;同时,要建立支持现代林业发展的公共财政制度,完善林业投资、融资政策,健全林业社会化服务体系,按照服务型政府的要求建设林业保障体系。

二、我国现代林业建设的困难

目前,虽然我国林业发展呈现出较好的趋势,可是在林业建设过程中还是存在较大的问题。由于我国对林业的建设缺少较为高端的人才,因此,在林业的建设规划过程中较为差强人意,这种问题主要体现在林业建设质量的不合格,普遍较低,且在造林植树方面没有合理的规划设计,结构配置较为单一,不能满足生态、经济以及社会效益的统一。在造林结束后期,由于管理的不当,林木的成活率较低,无法对生态效益做出较为显著的提高。

由于我国地形与气候的复杂多变,在我国的沿海城市,经常会因其台风、暴雨等自然灾害造成严重的水土资源流失,使森林系统受到破坏,因此也将会导致林业发展建设的巨大损失并影响到林业产业的发展。在林业建设中的建设项目较少,项目建设之间关联较少,面积分布过于分散,不符合实际的情况,也导致在林业建设过程中没有取得良好的生态效应。

虽然我国森林资源占有量较多,但是我国人口较多,人均占有率较少,并且我国很多地区林业经济发展水平较差,缺少一定的技术和资源,因此,目前我国的实际国情也是林业建设过程中亟待解决的一大难题。

第二章　现代林业发展与实践

第一节　气候变化与现代林业

一、气候变化下林业发展面临的挑战与机遇

（一）气候变化对林业的影响与适应新评估

气候变化会对森林和林业产生重要影响,特别是高纬度的寒温带森林,如改变森林结构、功能和生产力,特别是对退化的森林生态系统,在气候变化背景下的恢复和重建将面临严峻的挑战。气候变化下极端气候事件(高温、热浪、干旱、洪涝、飓风、霜冻等)发生的强度和频率增加,会增加森林火灾、病虫害等森林灾害发生的频率和强度,危及森林的安全,同时进一步增加陆地温室气体排放。

1. 气候变化对森林生态系统的影响

（1）森林物候

随着全球气候的变化,各种植物的发芽、展叶、开花、叶变色、落叶等生物学特性,以及初霜、终霜、结冰、消融、初雪、终雪等水文现象也发生改变。20 世纪 80 年代以来,中国东北、华北及长江下游地区春季平均温度上升,物候期提前;渭河平原及河南西部春季平均温度变化不明显,物候期也无明显变化趋势;西南地区东部、长江中游地区及华南地区春季平均温度下降,物候期推迟。

（2）森林生产力

气候变化后植物生长期延长,加上大气 CO_2 浓度升高形成的"施肥效应",使得森林生态系统的生产力增加。Fang 等认为,中国森林 NPP（Net

Primary Productivity,植被净初级生产力)的增加,部分原因是全国范围内生长期延长的结果。气温升高使寒带或亚高山森林生态系统 NPP 增加,但同时也提高了分解速率,从而降低了森林生态系统 NEP(Net Ecosystem Productivity,净生态系统生产力)。

不过也有研究结果显示,气候变化导致一些地区森林 NPP 呈下降趋势,这可能主要是由于温度升高加速了夜间呼吸作用,或降雨量减少所致。卫星影像显示,很可能就与气候变暖、夏季延长有关。极端事件(如温度升高导致夏季干旱,因干旱引发火灾等)的发生,也会使森林生态系统 NPP 下降、NEP 降低、NBP(Net Biome Productivity,净生物群区生产力)出现负增长。

未来气候变化通过改变森林的地理位置分布、提高生长速率,尤其是大气 CO_2 浓度升高所带来的正面效益,从而增加全球范围内的森林生产力。Sohngen 等预测未来气候变化条件下,由于 NPP 增加和森林向极地迁移,大多数森林群落的生产力均会增加。Mendelsohn 认为,气候变化会提高美国加利福尼亚州森林的生产力;而随后生产力水平则会开始下降。未来全球气候变化后,中国森林 NPP 地理分布格局不会发生显著变化,但森林生产力和产量会呈现出不同程度的增加。在热带、亚热带地区,森林生产力将增加 1% ~2%,暖温带将增加 2% 左右,温带将增加 5% ~6%,寒温带将增加 10%。尽管森林 NPP 可能会增加,但由于气候变化后病虫害的爆发和范围的扩大、森林火灾的频繁发生,森林固定生物量却不一定增加。

(3)森林的结构、组成和分布

过去数十年里,许多植物的分布都有向极地扩张的现象,而这很可能就是气温升高的结果。一些极地和苔原冻土带的植物都受到气候变化的影响,而且正在逐渐被树木和低矮灌木所取代。北半球一些山地生态系统的森林林线明显向更高海拔区域迁移。气候变化后的条件还有可能更适合于区域物种的入侵,从而导致森林生态系统的结构发生变化。在欧洲西北部、南美墨西哥等地区的森林,都发现有喜温植物入侵,而原有物种逐步退化的现象。

受气候变化影响,在过去的几十年内,中国森林的分布也发生了较大变化。如祁连山山地森林区森林面积减少 16.5%、林带下限由 1 900 m 上升到 2 300 m,森林覆盖减少 10%。在气温升高的背景下,分布在大兴安岭的兴安落叶松和小兴安岭及东部山地的云杉、冷杉和红杉等树种的可能分布范围和最适分布范围均发生了北移。

未来气候有可能向暖湿变化,造成各种类型森林带从南向北推进,水平分布范围扩展,山地森林垂直带向上移动。为了适应未来气温升高的变化,一些森林物种分布会向更高海拔的区域移动。但是气候变暖与森林分布范围的扩大并不同步,后者具有长达几十年的滞后期。未来中国东部森林带北移,温带常绿阔叶林面积扩大,较南的森林类型取代较北的类型,森林总面积增加。未来气候变化可能导致我国森林植被带的北移,尤其是落叶针叶林的面积减少很大,甚至可能移出我国境内。

(4)森林碳库

过去几十年大气 CO_2 浓度和气温升高导致森林生长期延长,加上氮沉降和营林措施的改变等因素,使森林年均固碳能力呈稳定增长趋势,森林固碳能力明显。气候变暖可能是促进森林生物量、碳储量增长的主要原因。气候变化对全球陆地生态系统碳库的影响,会进一步对大气 CO_2 浓度水平产生压力。在 CO_2 浓度升高的条件下,土壤有机碳库在短期内是增加的,整个土壤碳库储量会趋于饱和。

森林碳储量净变化,是年间降雨量、温度、扰动格局等变量因素综合干扰的结果。由于极端天气事件和其他扰动事件的不断增加,土壤有机碳库及其稳定性存在较大的不确定性。在气候变化条件下,气候变率也会随之增加,从而增大区域碳吸收的年间变率。例如,TEM 模型的短期模拟结果显示,在厄尔尼诺发生的高温干旱年份,亚马孙盆地森林是一个净碳源,而在其他年份则是一个净碳汇。

Smith 等预测未来气候变化条件下,欧洲人类管理的土地碳库总体呈现增加趋势,其中也会有因土地利用变化导致的小范围碳库降低。Scholze 等估计,未来气温升高 3℃ 将使全球陆地植被变成一个净的碳源,超过 1/5 的生态系统面积将缩小。

2. 气候变化对森林火灾的影响

生态系统对气候变暖的敏感度不同,气候变化对森林可燃物和林火动态有显著影响。气候变化引起了动植物种群变化和植被组成或树种分布区域的变化,从而影响林火发生频率和火烧强度,林火动态的变化又会促进动植物种群改变。火烧对植被的影响取决于火烧频率和强度,严重火烧能引起灌木或草地替代树木群落,引起生态系统结构和功能的显著变化。虽然目前林火探测和扑救技术明显提高,但伴随着区域明显增温,北方林年均火烧面积呈增加趋势。

温度升高和降水模式改变将增加干旱区的火险,火烧频度加大。气候变化还影响人类的活动区域,并影响到火源的分布。林火管理有多种方式,但完全排除火烧的森林防火战略在降低火险方面好像相对作用不大。火烧的驱动力、生态系统生产力、可燃物积累和环境火险条件都受气候变化的影响。积极的火灾扑救促进碳沉降,特别是腐殖质层和土壤,这对全球的碳沉降是非常重要的。

气候变化将增加一些极端天气事件与灾害的发生频率和量级。未来气候变化特点是气温升高、极端天气或气候事件增加和气候变率增大。天气变暖会引起雷击和雷击火的发生次数增加,防火期将延长。温度升高和降水模式的改变,提高了干旱性升高区域的火险。在气候变化情景下,美国大部分地区季节性火险升高 10%。气候变化会引起火循环周期缩短,火灾频度的增加导致了灌木占主导地位的景观。最近的一些研究是通过气候模式与森林火险预测模型的耦合,预测未来气候变化情景下的森林火险变化。

降水和其他因素共同影响干旱期延长和植被类型变化,因为对未来降水模式的变化的了解情况有限,与气候变化和林火相关的研究还存在很大不确定性。气候变化可能导致火烧频度增加,特别是降水量不增加或减少的地区。降水量的普遍适度增加会带来生产力的增加,也有利于产生更多的易燃细小可燃物。变化的温度和极端天气事件将影响火发生频率和模式,北方林对气候变化最为敏感。火烧频率、大小、强度、季节性、类型和严重性影响森林组成和生产力。

3. 气候变化对森林病虫害的影响

据近 40 年我国的有关研究资料分析显示,气候变暖使我国森林植被和森林病虫害分布区系向北扩大,森林病虫害发生期提前,世代数增加,发生周期缩短,发生范围和危害程度加大。年平均温度,尤其是冬季温度的上升促进了森林病虫害的发生。如油松毛虫已向北、向西水平扩展。白蚁原是热带和亚热带所特有的害虫,但由于近几十年气温变暖,白蚁危害正由南向北逐渐蔓延。

随着气候变暖,连续多年的暖冬,以及异常气温频繁出现,森林生态系统和生物相对均衡局面常发生变动,我国森林病虫害种类增多,种群变动频繁发生,周期相应缩短,发生危害面积一直居高不下。气温对病虫害的影响主要是在高纬度地区。同时气候变化也加重了病虫害的发生程度,一些次要的病虫或相对无害的昆虫相继成灾,促进了海拔较高地区的森林,尤其是人工林病虫害的大发生。

气候变化引起的极端气温天气逐渐增加,严重影响苗木生长和保存率,林木抗病能力下降,高海拔人工林表现得尤为明显,增加了森林病虫害突发成灾的频率。全球气候变化对森林病虫害发生的可能影响主要体现在以下几个方面。①使病虫害发育速度增加,繁殖代数增加。②改变病虫害的分布和危害范围,使害虫越冬代北移,越冬基地增加,迁飞范围增加,对分布范围广的种影响较小。③使外来入侵的病虫害更容易建立种群。④对昆虫的行为发生变化。⑤改变寄主—害虫—天敌之间的相互关系。⑥导致森林植被分布格局改变,使一些气候带边缘的树种生长力和抗性减弱,导致病虫害发生。

4.气候变化对林业区划的影响

林业区划是促进林业发展和合理布局的一项重要基础性工作。林业生产的主体森林受外界自然条件的制约,特别是气候、地貌、水文、土壤等自然条件对森林生长具有决定性意义。由于不同地区具有不同的自然环境条件,导致森林分布具有明显的地域差异性。林业区划的任务是根据林业分布的地域差异,划分林业的适宜区。其中以自然条件的异同为划分林业区界的基本依据[3]。中国全国林业区划以气候带、大地貌单元和森林植被类型或大树种为主要标志;省级林业区划以地貌、水热条件和大林种为主要标志;县级林业区划以代表性林种和树种为主要标志。

未来气候增暖后,中国温度带的界限北移,寒温带的大部分地区可能达到中温带温度状况,中温带面积的二分之一可能达到暖温带温度状况,暖温带的绝大部分地区可能达到北亚热带温度状况,而北亚热带可能达到中亚热带温度状况,中亚热带可能达到南亚热带温度状况,南亚热带可能达到边缘热带温度状况,边缘热带的大部分地区可能达到中热带温度状况,中热带的海南岛南端可能达到赤道带温度状况。

全球变暖后,中国干湿地区的划分仍为湿润至干旱 4 种区域,干湿区范围有所变化。总体来看,干湿区分布较气候变暖前的分布差异减小,分布趋于平缓,从而缓和了自东向西水分急剧减少的状况。

未来气候变化可能导致中国森林植被带北移,尤其是落叶针叶林的面积减少很大,甚至可能移出中国境内;温带落叶阔叶林面积扩大,较南的森林类型取代较北的类型;华北地区和东北辽河流域未来可能草原化;西部的沙漠和草原可能略有退缩,被草原和灌丛取代;高寒草甸的分布可能略有缩小,将被热带稀树草原和常绿针叶林取代。

中国目前极端干旱区、干旱区的总面积,占国土面积的 38.3%,且干旱和半干旱趋势十分严峻。温度上升 4P 时,中国干旱区范围扩大,而湿润区范围缩小,中国北方趋于干旱化。随着温室气体浓度的增加,各气候类型区的面积基本上均呈增加的趋势,其中以极端干旱区和亚湿润干旱区增加的幅度最大,半干旱区次之,持续变干必将加大沙漠化程度。

5. 气候变化对林业重大工程的影响

气候增暖和干暖化,将对中国六大林业工程的建设产生重要影响,主要表现在植被恢复中的植被种类选择和技术措施、森林灾害控制、重要野生动植物和典型生态系统的保护措施等。中国天然林业资源主要分布在长江、黄河源头地区或偏远地区,森林灾害预防和控制的基础设施薄弱,因此面临的林火和病虫灾害威胁可能增大。根据用 PRECIS 对中国未来气候情景的推测,气候变暖使中国现在的气候带在 2020 年、2050 年和 21 世纪末,分别向北移动 100 km、200 km 和 350 km 左右,这将对中国野生动植物生境和生态系统带来很大影响。未来中国气温升高,特别是部分地区干暖化,将使现在退耕还林工程区内的宜林荒地和退耕地逐步转化为非宜林地和非宜林退耕地,部分荒山造林和退耕还林形成的森林植被有可能退化,形成功能低下的"小老树"林。三北和长江中下游地区等重点防护林建设工程的许多地区,属干旱半干旱气候区,水土流失严重,土层浅薄,土壤水分缺乏,历来是中国造林最困难的地区。未来气候增暖及干暖化趋势,将使这些地区的立地环境变得更为恶劣,造林更为困难。一些现在的宜林地可能需以灌草植被建设取代,特别是在森林—草原过渡区。

6. 林业对气候变化的适应性评估

"适应性"是指系统在气候变化条件下的调整能力,从而缓解潜在危害,利用有利机会。森林生态系统的适应性包括两个方面:一是生态系统和自然界本身的自身调节和恢复能力;二是人为的作用,特别是社会经济的基础条件、人为的调控和影响等。

在自发适应方面,我国针对人工林已经采取了多种适应措施,如:管理密度、硬阔或软阔混交、区域内和区域间木材生长与采伐模式、轮伐期、新气候条件下树木品种和栽培面积改变、调整木材尺寸及质量、调整火灾控制系统等。评价自发适应的途径,主要是利用气候变化影响评价模型,预测短期、即时或者自发性适应措施的有效性。自发适应对策的评估,与气候变化影响的评估直接相关。目前大部分气候变化影响和适应对策评价研究方法,主要由以下几个方面组成:明确研究区域、研究内容,选择敏感的部门等;选择适合大多数问题的评价方法;选择测试方法,进行敏感性分析;选择和应用气候变化情景;评价对生物、自然和社会经济系统的影响;评价自发的调整措施;评价适应对策。

在人为调节适应方面,决策者首先必须明确气候变化确实存在而且将产生持续的影响,尤其是未来气候变化对其所在行业的影响。这需要制定相关政策,坚持气候观测与信息交流,支持相关技术、能力和区域网络研究,发展新的基层组织、政策和公共机构,在发展规划中强调气候变化的位置,建设持续调整和适应能力,分析确定各适应措施的可行性和原因分析等。我国已采取的措施包括:制定和实施各种与保护森林生态系统相关的法律和法规。

如《森林法》《土地管理法》《退耕还林条例》等,以控制和制止毁林,建立自然保护区和森林公园,对现存森林实施保护,大力开展林业生态工程建设等。

当前的林火管理包括许多方式与手段,充分发挥林火对生态系统的有益作用,并防止其破坏性。通过林火与气候变化的研究,改变林火管理策略,适应变化的气候情景。但林火管理涉及许多社会问题,特别是城市郊区的火灾常常影响到居民生命与财产安全,在扑救这些区域火灾时,就不会考虑经济成本。目前对林火管理的经济成本研究还局限于某一地区或某一方面,林火管理政策中也存在一些争议。如林火管理者常常采用计划烧除清理可燃物或预防森林大火的发生,但火烧常常引起空气污染。火后森林的恢复过程取决于火烧程度。在没有受到外界干扰的热带原始森林,森林预计可以在几年内充分恢复。

(二)林业减缓气候变化的作用

森林作为陆地生态系统的主体,以其巨大的生物量储存着大量碳,是陆地上最大的碳贮库和最经济的吸碳器。树木主要由碳水化合物组成,树木生物体中的碳含量约占其干重(生物量)的50%。树木的生长过程就是通过光合作用,从大气中吸收 CO_2,将 CO_2 转化为碳水化合物贮存在森林生物量中。因此,森林生长对大气中 CO_2 的吸收(固碳作用)能为减缓全球变暖的速率做出贡献。同时森林破坏是大气 CO_2 的重要排放源,保护森林植被是全球温室气体减排的重要措施之一。林业生物质能源作为"零排放"能源,大力发展林业生物质能源,从而减少化石燃料燃烧,是减少温室气体排放的重要措施。

1. 维持陆地生态系统碳库

森林作为陆地生态系统的主体,以其巨大的生物量储存着大量的碳,森林植物中的碳含量约占生物量干重的50%。全球森林生物量碳储量达282.7 GtC(Gigatonnes of carbon, GtC),平均每公顷森林的生物量碳贮量71.5 GtC,如果加上土壤、粗木质残体和枯落物中的碳,每公顷森林碳贮量达161.1 GtC。据IPCC估计,全球陆地生态系统碳贮量约2 477 GtC,其中植被碳贮量约占20%,土壤碳约占80%。占全球土地面积约30%的森林,其森林植被的碳贮量约占全球植被的77%,森林土壤的碳贮量约占全球土壤的39%。单位面积森林生态系统碳贮量(碳密度)是农地的1.9~5倍。可见,森林生态系统是陆地生态系统中最大的碳库,其增加或减少都将对大气 CO_2 产生重要影响。

2. 增加大气 CO_2 吸收

森林植物在其生长过程中通过同化作用,吸收大气中的 CO_2,将其固定在森林生物量中。森林每生长 $1~m^3$ 木材,约需要吸收 $1.83~tCO_2$。在全球每年近 60 GtC 的净初级生产量中,热带森林占 20.1 GtC,温带森林占 7.4 GtC,

北方森林占 2.4 GtC。

在自然状态下,随着森林的生长和成熟,森林吸收 CO_2 的能力降低,同时森林自养和异养呼吸增加,使森林生态系统与大气的净碳交换逐渐减小,系统趋于碳平衡状态,或生态系统碳贮量趋于饱和,如一些热带和寒温带的原始林。但达到饱和状态无疑是一个十分漫长的过程,可能需要上百年甚至更长的时间。即便如此,仍可通过增加森林面积来增强陆地碳贮存。如上所述,一些研究测定发现原始林仍有碳的净吸收。森林被自然或人为扰动后,其平衡将被打破,并向新的平衡方向发展,达到新平衡所需的时间取决于目前的碳储量水平、潜在碳贮量和植被与土壤碳累积速率。对于可持续管理的森林,成熟森林被采伐后可以通过再生长达到原来的碳贮量,而收获的木材或木产品一方面可以作为工业或能源的代用品,减少工业或能源部门的温室气体源排放;另一方面,耐用木产品可以长期保存,部分可以永久保存,减缓大气 CO_2 浓度的升高。

增强碳吸收汇的林业活动包括造林、再造林、退化生态系统恢复、建立农林复合系统、加强森林可持续管理以提高林地生产力等能够增加陆地植被和土壤碳贮量的措施。通过造林、再造林和森林管理活动增强碳吸收汇已得到国际社会广泛认同,并允许发达国家使用这些活动产生的碳汇用于抵消其承诺的温室气体减限排指标。造林碳吸收因造林树种、立地条件和管理措施而异。

有研究表明,由于中国大规模的造林和再造林活动,到 2050 年,中国森林年净碳吸收能力将会大幅度的增加。

3. 增强碳替代

碳替代措施包括以耐用木质林产品替代能源密集型材料、生物能源(如能源人工林)、采伐剩余物的回收利用(如用作燃料)。由于水泥、钢材、塑料、砖瓦等属于能源密集型材料,且生产这些材料消耗的能源以化石燃料为主,而化石燃料是不可再生的[4]。如果以耐用木质林产品替代这些材料,不但可增加陆地碳贮存,还可减少生产这些材料的过程中化石燃料燃烧引起的温室气体排放。虽然部分木质林产品中的碳最终将通过分解作用返回大气,但由于森林的可再生特性,森林的再生长可将这部分碳吸收回来,避免由于化石燃料燃烧引起的净排放。

据研究,用木材替代水泥、砖瓦等建筑材料,1 m^3 木材可减排约0.8 tCO_2 当量。在欧洲,一座木结构房屋平均碳贮量达 150 tCO_2,与砖结构比较,可减排 10 tCO_2 当量;而在澳大利亚,建造一座木结构房屋可减少排放 10 tCO_2 当量。当然,木结构房屋需消耗更多的能量用于取暖或降温。

同样,与化石燃料燃烧不同,生物质燃料不会产生向大气的净 CO_2 排放,因为生物质燃料燃烧排放的 CO_2 可通过植物的重新生长从大气中吸收回来,而化石燃料的燃烧则产生向大气的净碳排放,因此用生物能源替代化石燃料可降低人类活动碳排放量。

三、应对气候变化的林业实践

(一)清洁发展机制(CDM)与造林再造林

清洁发展机制(Clean Development Mechanism,CDM)是《京都议定书》第12 条确立的、发达国家与发展中国家之间的合作机制。在该机制下,发达国家通过以技术和资金投入的方式与发展中国家合作,实施具有温室气体减排的项目,项目实现的可证实的温室气体减排量——核证减排量(Certified Emission Reduction,CER),可用于缔约方承诺的温室气体减限排义务。CDM 被普遍认为是一种"双赢"机制。一方面,发展中国家缺少经济发展所需的资金和先进技术,经济发展常常以牺牲环境为代价,而通过这种项目级的合作,发展中国家可从发达国家获得资金和先进的技术,同时通过减少温室气体排放,降低经济发展对环境带来的不利影响,最终促进国内社会经济的可持续发展。另一方面,发达国家在本国实施温室气体减排的成本较高,对经济发展有很大的负面影响,而在发展中国家的减排成本要低得多,因此通过该机制,发达国家可以以远低于其国内所需的成本实现其减限排承诺,节约大量的资金,并减轻减限排对国内经济发展的压力,甚至还可将技术、产品甚至观念输入到发展中国家。

CDM 起源于巴西提出的关于发达国家承担温室气体排放义务案文中的"清洁发展基金"。根据该提案,发达国家如果没有完成应该完成的承诺,应该受到罚款,用其所提交的罚金建立"清洁发展基金",按照发展中国家温室气体排放的比例资助发展中国家开展清洁生产领域的项目。在谈判过程中，发达国家将"基金"改为"机制"，将"罚款"变成了"出资"。

CDM 可分为减排项目和汇项目。减排项目指通过项目活动有益于减少温室气体排放的项目，主要是在工业、能源等部门，通过提高能源利用效率、采用替代性或可更新能源来减少温室气体排放。提高能源利用效率包括如高效的清洁燃煤技术、热电联产高耗能工业的工艺技术、工艺流程的节能改造、高效率低损耗电力输配系统、工业及民用燃煤锅炉窑炉、水泥工业过程减排二氧化碳的技术改造、工业终端通用节能技术等项目。替代性能源或可更新能源包括诸如水力发电、煤矿煤层甲烷气的回收利用、垃圾填埋沼气回收利用、废弃能源的回收利用、生物质能的高效转化系统、集中供热和供气、大容量风力发电、太阳能发电等。由于这些减排项目通常技术含量高、成本也较高，属技术和资金密集型项目，对于技术落后、资金缺乏的发展中国家，不但可引入境外资金，而且由于发达国家和发展中国家能源技术上的巨大差距，从而可通过 CDM 项目大大提高本国的技术能力。在这方面对我国尤其有利，这也是 CDM 减排项目在我国受到普遍欢迎并被列入优先考虑的项目的原因。

汇项目指能够通过土地利用、土地利用变化和林业(LULUCF)项目活动增加陆地碳贮量的项目，如造林、再造林、森林管理、植被恢复、农地管理、牧地管理等。

根据项目规模，CDM 项目可分为常规 CDM 项目和小规模 CDM 项目。小规模 A/RCDM 项目是指预期的人为净温室气体汇清除低于 8 000 tCO₂ 每年、由所在国确定的低收入社区或个人开发或实施的 CDM 造林或再造林(A/RCDM)项目活动。如果小规模 A/RCDM 项目活动引起的人为净温室气体汇清除量大于每年 8 000 tCO₂，超出部分汇清除将不予发放 tCER 或 1CER。为降低交易成本，对小规模 CDM 项目活动，在项目设计书、基线方法学、监测方法学、审定、核查、核证和注册方面，其方式和程序得以大大简化，要求也降低。

CDM 项目特别是 A/RCDM 项目涉及一系列复杂的技术和方法学问题，为此，缔约方会议和 CDM 执行理事会相继制定了一系列的国际规则(方式和程序)，而且还在不断推出新的规则。对 A/RCDM 项目活动参与条件、合格性要求、DOE、审定和注册等相关规定和要求进行了概述，其他有关项目设计书、监测、核查和核证等相关规则不在此阐述。

CDM 是发达国家和发展中国家之间有关温室气体减排的合作机制,但参与双方都属自愿性质,而且参与 CDM 的每一方都应指定一个 CDM 国家主管机构。我国 CDM 国家主管机构是国家发展和改革委员会。在发展中国家中,只有《京都议定书》的缔约方才能够参加 CDM 项目活动。

森林定义一旦确定,其在第一承诺期结束前注册的所有 A/RCDM 项目活动所采用的森林定义不变,并通过指定的 CDM 国家主管部门向 CDM 执行理事会报告。我国确定并向 CDM 执行理事会报告的森林定义标准为:最低林木冠层覆盖度为 20%,最小面积为 0.067 hm+,最低树高为 2 m。

(二)非京都市场

为推动减排和碳汇活动的有效开展,近年来许多国家、地区和多边国际金融机构(世界银行)相继成立了碳基金。这些基金来自那些在《京都议定书》规定的国家中有温室气体排放的企业或者一些具有社会责任感的企业,由碳基金组织实施减排或增汇项目。在国际碳基金的资助下,通过发达国家内部、发达国家之间或者发达国家和发展中国家之间合作开展了减排和增汇项目。通过互相买卖碳信用指标,形成了碳交易市场。目前除了按照《京都议定书》规定实施的项目以外,非京都规则的碳交易市场也十分活跃。这个市场被称为志愿市场。

志愿市场是指不为实现《京都议定书》规定目标而购买碳信用额度的市场主体(公司、政府、非政府组织、个人)之间进行的碳交易。这类项目并非寻求清洁发展机制的注册,项目所产生的碳信用额成为确认减排量(VER)。购买者可以自愿购买清洁发展机制或非清洁发展机制项目的信用额。此外,国际碳汇市场还有被称为零售市场的交易活动。所谓零售市场,就是那些投资于碳信用项目的公司或组织,以较高的价格小批量出售减排量(碳信用指标)。当然零售商经营的也有清洁发展机制的项目即经核证的减排量(CER)或减排单位(ERU)。但是目前零售商向志愿市场出售的大部分仍为确定减排量。

作为发展中国家,虽然中国目前不承担减排义务,但是作为温室气体第二大排放国,建设资源节约型、环境友好型和低排放型社会,是中国展示负责任大国形象的具体行动,也符合中国长远的发展战略。因此,根据《联合国气候变化框架公约》和《京都议定书》的基本精神,中国政府正在致力于为减少温室气体排放、缓解全球气候变暖进行不懈努力。这些努力既涉及节能降耗、发展新能源和可再生能源,也包括大力推进植树造林、保护森林和改善生态环境的一系列行动。企业参与减缓气候变化的行动,既可以通过实施降低能耗,提高能效,使用可再生能源等工业项目,又可以通过植树造林、保护森林的活动来实现。

而目前通过造林减排是最容易,成本最低的方法。因此政府因出面创建一个平台,帮助企业以较低的成本来减排。同时这个平台也是企业志愿减排、体现企业社会责任的窗口。这个窗口的功能需要建立一个基金来实现。于是参照国际碳基金的运作模式和国际志愿市场实践经验,在中国建立了一个林业碳汇基金,命名为"中国绿色碳基金"(简称绿色碳基金)。这是一个以营造林为主、专门生产林业碳汇的基金。该基金的建立,有望促进国内碳交易志愿市场的形成,进而推动中国乃至亚洲的碳汇贸易的发展。为方便运行,目前中国绿色碳基金作为一个专项设在中国绿化基金会。绿色碳基金由国家林业和草原局、中国绿化基金会及相关出资企业和机构组成中国绿色碳基金执行理事会,共同商议绿色碳基金的使用和管理,基金的具体管理由中国绿化基金会负责。国家林业和草原局负责组织碳汇造林项目的规划、实施以及碳汇计量、监测并登记在相关企业的账户上,由国家林业和草原局定期发布。

(三)碳贸易实践

为了促进中国森林生态效益价值化,培育中国林业碳汇市场,争取更多的国际资金投入中国林业生态建设,同时了解实施清洁发展机制林业碳汇项目的全过程,培养中国的林业碳汇专家,国家林业和草原局碳汇管理办公室在广西、内蒙古、云南、四川、辽宁等省(自治区)启动了林业碳汇试点项目。其中,在广西和内蒙古最早按照京都规则实施了清洁发展机制的林业碳汇项目。

1.广西珠江流域治理再造林项目

广西珠江流域治理再造林项目是世界银行贷款,广西综合林业发展和保护项目(GIFDCP)的一部分,在珠江流域的苍梧县和环江县实施。建设内容包括4个部分:①营造人工商品用材林18.94万 hm^2;②生态林管护11.8万 hm^2,其中营造多功能防护林1.8万 hm^2,封山育林10.0万 hm^2;③石灰岩地区生物多样性保护(涉及5个自然保护区);④机构能力建设。而清洁发展机制林业碳汇项目,广西珠江流域治理再造林项目是总项目框架下营造多功能防护林的一部分,并提交世界银行基金委员会(FMC)和供资方审查。

根据碳汇项目要求,需要首先报批方法学。以中国林业科学研究院张小全研究员为主,制定了清洁发展机制下退化土地造林再造林项目的基线和监测方法学。

(1)项目建设目标

通过再造林活动并计量碳汇,研究和探索清洁发展机制林业碳汇项目相关技术和方法,为我国开展清洁发展机制造林再造林项目摸索经验,并促进当地农民增收和保护生物多样性。

(2)项目内容

本项目共营造4 000 hm^{2}多功能防护林,其中苍梧县和环江县各2 000 hm^2。通过项目执行,积累再造林碳汇项目活动经验,并监测评价项目的环境、社会和经济影响效果,探索退化土地恢复的碳融资机制。同时通过项目培训,加强当地能力建设。

项目设计造林树种包括:大叶栋、马尾松、荷木、枫香、杉木、桉树,共6个树种,5种不同造林模式。

(3)项目实施主体和经营形式

实施主体:项目的实施主体有苍梧县康源林场、苍梧县富源林场、环江毛南自治县绿环林业开发有限公司、环江毛南自治县兴环林业开发有限公司和18个农户小组、12个农户。

经营形式:项目的经营形式有以下3种。

①单个农户造林

当地有经济实力的农户,自己筹措资金,承包当地村民小组集体拥有经营权的土地,开展项目造林活动,林业产品和碳汇的销售收入全部归农户和提供土地的村民小组集体所有。农户和提供土地的村集体的收益分配比例按双方签订的合同执行。

②农户小组造林

几个或几个以上的农户自愿组合起来,筹措资金,承包当地村民小组集体拥有经营权的土地,开展项目造林活动,林产品和碳汇销售收入全部归农民小组和提供土地的村民小组集体所有。农户联合体和提供土地的村集体的收益分配比例按双方签订的合同执行。

③农民(村集体)与林场(公司)股份合作造林

农民(村集体)提供土地,林场(公司)投资造林,提供技术、管理林分并承担自然和投资风险。农民(村集体)与林场(公司)签订合同,以明确造林管理责任、投入和收益分成。收益分成比例为:林产品净收入的40%、碳汇销售收入的60%归当地农民或村集体。林产品收入的60%、碳汇销售收入的40%归当地林场(公司)。另外,林场(公司)将优先雇用当地农民参与整地、造林和管护等活动,并支付农民的劳动报酬。这种经营形式再造林 3 565.9 hm^2,受益农民 4 815 人,其中土地承包经营权为村民小组集体所有的为 2 467.5 hm^2,土地承包经营权为农户所有的为 1 098.4 hm^2。

(4)项目实施期限及工艺流程

如项目的实施包括建设期和运行管理期。项目建设期为包括整地、育苗、造林、施肥、除草、抚育等。造林分两年完成。造林后连续抚育 3 年。运行管理期(计入期)30 年,包括森林病虫害防治、防火、护林、采伐、更新造林、管理、减排量监测等。

(5)项目总投资和筹资情况

清洁发展机制碳汇项目的总成本为 2 270 万美元,其中建设投资 302 万美元,运营成本 1 968 万美元。

(6)项目预期减排总量

在计入期间,预期获得超过 773 000 tCO_2 的人为净温室气体减排量。

(7)项目效益

社会经济效益:经济收入。大约 5 000 个农户受益。总收入估计可达 2 110万美元,包括约 1 560 万美元的就业收入,350 万美元的木材和非木质林产品的销售收入,200 万美元的碳汇销售收入。

CDM 项目活动将提供大量就业机会。项目计入期内还将产生 40 个长期工作岗位。项目同时可以提供可持续的薪柴使用,提高社会凝聚力,提供技术培训示范,并在项目边界外产生效益。

环境效益:增强生物多样性保护和促进自然生态系统的稳定。

改善环境服务:调节水流状况,减轻旱灾风险,减少洪水风险;促进提高土壤养分循环;有助于当地气候的稳定。

2. 内蒙古自治区敖汉旗防治荒漠化造林项目

为落实《京都议定书》,国家林业和草原局与意大利环境与国土资源部根据清洁发展机制造林再造林碳汇项目相关规定签订了"中国东北部敖汉旗防治荒漠化青年造林项目"。该项目拟在今后5年内,由意大利政府投资135万美元,当地配套18万美元,共153万美元,在内蒙古自治区敖汉旗荒沙地造林3 000 hm^2,中方项目管理单位是《联合国防治荒漠化公约》中国履约秘书处,即国家林业和草原局防沙治沙办公室。项目具体实施由内蒙古自治区赤峰市敖汉旗林业局。中国林业科学研究院、赤峰市林业科学研究所负责技术支撑,承担碳汇计量、监测任务。

(1)项目建设目标

结合敖汉旗当地防沙治沙的主要任务和本着因地制宜的原则,项目将种植杨树、柠条、樟子松、山杏等乡土树种,开展林业碳汇和治沙相结合的造林活动,共同探索在中国干旱、半干旱地区开展清洁发展机制林业碳汇项目的技术和能力。意大利方面一是希望获得一定量的碳汇来抵减其第一承诺期的排放量,二是了解在中国开展林业碳汇项目的可行性以及中国林业政策和林权改革的情况,了解当地农民的生态保护意识。同时,期望项目活动对防治荒漠化和土地退化、恢复和保护当地生物多样性有积极作用。在吸收二氧化碳、减缓气候变化的同时,为社区群众创造工作机会,改善社会经济状况,提高社区群众尤其是青年的环保意识。

(2)项目实施区域

项目地点为内蒙古自治区敖汉旗,属沙源区荒地。造林活动将在敖汉旗所属的汉林、治沙、古鲁板高、陈家湾子、小河子、木头营子、马头山、三义井及新惠9个国有林场开展。

(3)项目的预期收益

人们将获得环境教育、植树、管理以及碳汇知识等方面的培训,增强环境意识。一些城市志愿者(青年和妇女)也将参与到项目中来。项目可为当地主要是青年提供新的工作机会和收入。同时,项目活动直接创造的农业效益是:间种高产饲草可以收获草种,为畜牧提供大量的饲草;树木成材后,获得木材、种子和薪柴。项目建成后将逐步降低当地风蚀引起的沙化和荒漠化。此外,由于项目处在沙尘暴盛行地区,地表几乎没有其他植被,项目的实施将有助于减缓沙尘暴的影响。

3. 云南腾冲小规模再造林景观恢复项目

项目活动在保护国际(CI)、大自然保护协会(TNC)和云南省林业厅合作的 FCCB 项目框架下实施,并成立云南省林业厅碳汇办公室和县碳汇办公室。

(1)项目建设目标

清洁发展机制小规模再造林项目活动将在云南省腾冲市营造467.7 hm^{2}的混交林,其中37.6 hm^{2}直接与高黎贡山自然保护区相连,78.2 hm^{2}与保护区毗邻。项目所选的造林树种都是原生的乡土树种,主要有:秃杉、光皮桦、云南松、楠木。

(2)项目实施区域和实施方式

30 年到期之后如果农民愿意延期的话将根据中国《土地承包合同法》续签合同,延期另外 30~50 年。当地村民自主决定如何使用土地,并拥有土地上生产的资源。90.6 hm^{2}再造林土地仍然由当地村民经营。此外,112.4 hm^{2}为国有土地,归苏江国有林场经营。在本项目活动的规定下,当地农民(社区)和所涉及的林场(公司)有权使用这些土地。社区和农户拥有木材和林下非木材林产品,而且有法定权力收获并销售这些产品。但是砍伐木材必须要有采伐许可证,木材采伐指标由当地政府审批。林场获得项目产生的碳汇收益。

项目建设成本将来自当地商业银行的贷款、当地政府的配套资金和项目参与方自筹。运行成本采用商业银行的长期或者短期贷款,当地政府的配套资金和项目参与方自筹。没有导致官方发展援助和 UNFCCC 资金义务分流的公共资金。

本项目采用 CDM 小规模造林再造林项目方法学(AR - AMS0001/Version04. 1)作为项目开发指南。本项目活动引起的温室气体排放包括由于车辆使用燃烧化石燃料引起的排放和施肥引起的 N$_2$O 排放。根据初步估算以及所采用的方法学,施肥引起的 N_2O 排放小于10%(可忽略不计)。同时,根据所采用的方法学,小规模造林再造林 CDM 项目只考虑项目施肥活动引起的温室气体排放。因此,本项目不考虑温室气体排放。

(3)项目效益

为了最大限度地增加社会经济效益,再造林的设计过程采用了参与式的流程。参与式农村评估方(PRA)法通过访问和咨询项目区的农户,了解当地农民的喜好、意愿和关心的问题,以便于项目将来对他们的要求做出回应并改善他们的生计。当地农户决定其最乐意接受的当地农民(社区)与林场(公司)股份安排。项目主要的社会经济效益包括以下几方面。

①增加收入

根据林场与当地农户达成的协议,农户将从提供土地所获的木材产品和非木材产品中受益,其次还可以通过再造林过程中出工的报酬。

②可持续的薪材供给

当地居民对薪材有一定程度的依赖,尤其是当地的少数民族社区。本项目可以给当地社区提供更多可持续的薪材资源。

③增强社会凝聚力

单个农户(社区)的操作由于投入、产出方面显得羸弱,尤其是获益时间比农产品周期长的木材产品和非木制产品。此外,缺少组织机构,阻碍他们克服技术障碍。总之,本项目将在个人、社区、林场、当地政府之间形成紧密互动关系,强化他们,尤其是与少数民族社区之间的沟通并形成社会和生产服务的网络。

④技术培训与示范

社区调查的结果显示社区农户往往在获得高质量的种源和培育高成活率的幼苗以及防治火灾、森林病虫害方面缺乏一定的技能。这也是当地社区农户营林的一个重要的障碍。本项目中,当地林业系统和林场将组织培训,帮助他们了解评估值项目活动中遇到的问题,比如苗木选择、苗圃管理、整地、再造林模式和病虫害综合治理等。

第二节 荒漠化防治与现代林业

一、我国的荒漠化及防治现状

中国是世界上荒漠化和沙化面积大、分布广、危害重的国家之一,荒漠化不仅造成生态环境恶化和自然灾害,直接破坏人类的生存空间,而且造成巨大的经济损失,全国每年因荒漠化造成的直接经济损失高达 640 多亿元,严重的土地荒漠化、沙化威胁我国生态安全和经济社会的可持续发展,威胁中华民族的生存和发展。

(一)中国的荒漠化状况

荒漠化土地集中分布于新疆、内蒙古、西藏、甘肃、青海 5 省(自治区),占全国荒漠化总面积的 95.64%。沙化土地分布在除上海、台湾、香港和澳门的 30 个省(自治区、直辖市)的 920 个县(旗、区),其中 96% 分布在新疆、内蒙古、西藏、青海、甘肃、河北、陕西、宁夏 8 省(自治区)。

(二)我国荒漠化发展趋势

中国在防治荒漠化和沙化方面取得了显著的成就。目前,中国荒漠化和沙化状况总体上有了明显改善,与第四次全国荒漠化和沙化监测结果相比,全国荒漠化土地面积减少了 121.20 万 hm^2,沙化土地减少 99.02 万 hm^2。荒漠化和沙化整体扩展的趋势得到了有效的遏制。

我国荒漠化防治所取得的成绩是初步的和阶段性的。治理形成的植被刚进入恢复阶段,一年生草本植物比例还较大,植物群落的稳定性还比较差,生态状况还很脆弱,植物群落恢复到稳定状态还需要较长时间。沙化土地治理难度越来越大。沙区边治理边破坏的现象相当突出。研究表明,全球气候变化对我国荒漠化产生重要影响,我国未来荒漠化生物气候类型区的面积仍会以相当大的比例扩展,区域内的干旱化程度也会进一步加剧。

二、我国荒漠化治理分区

我国地域辽阔,生态系统类型多样,社会经济状况差异大,根据实际情况,将全国荒漠化地区划分为5个典型治理区域。

(一)风沙灾害综合防治区

本区包括东北西部、华北北部及西北大部分干旱、半干旱地区。这一地区沙化土地面积大。由于自然条件恶劣,干旱多风,植被稀少,草地沙化严重,生态环境十分脆弱;农村燃料、饲料、肥料、木料缺乏,严重影响当地人民的生产和生活。生态环境建设的主攻方向是:在沙漠边缘地区、沙化草原、农牧交错带、沙化耕地、沙地及其他沙化土地,采取综合措施,保护和增加沙区林草植被,控制荒漠化扩大趋势。以三北风沙线为主干,以大中城市、厂矿、工程项目周围为重点,因地制宜兴修各种水利设施,推广旱作节水技术,禁止毁林毁草开荒,采取植物固沙、沙障固沙等各种有效措施,减轻风沙危害。对于沙化草原、农牧交错带的沙化耕地、条件较好的沙地及其他沙化土地,通过封沙育林育草、飞播造林种草、人工造林种草、退耕还林还草等措施,进行积极治理。因地制宜,积极发展沙产业。鉴于中国沙化土地分布的多样性和广泛性,可细分为3个亚区。

1.干旱沙漠边缘及绿洲治理类型区

该区主体位于贺兰山以西,祁连山和阿尔金山、昆仑山以北,行政范围包括新疆大部、内蒙古西部及甘肃河西走廊等地区。区内分布塔克拉玛干、古尔班通古特、库姆塔格、巴丹吉林、腾格里、乌兰布和、库布齐7大沙漠。本区干旱少雨,风大沙多,植被稀少,年降水量多在200毫米以下,沙漠浩瀚,戈壁广布,生态环境极为脆弱,天然植被破坏后难以恢复,人工植被必须在灌溉条件下才有可能成活。依水分布的小面积绿洲是人民赖以生存、发展的场所。目前存在的主要问题是沙漠扩展剧烈,绿洲受到流沙的严重威胁;过牧、樵采、乱垦、挖掘,使天然荒漠植被大量减少;不合理的开发利用水资源,挤占了生态用水,导致天然植被衰退死亡,绿洲萎缩。本区以保护和拯救现有天然荒漠植被和绿洲、遏制沙漠侵袭为重点。具体措施:将不具备治理条件和具有特殊生态保护价值的不宜开发利用的连片沙化土地划为封禁保护区;合理调节河流上下游用水,保证生态用水;在沙漠前沿建设乔灌草合理配置的防风阻沙林带,在绿洲外围建立综合防护体系。

2.半干旱沙地治理类型区

该区位于贺兰山以东、长城沿线以北,以及东北平原西部地区,区内分布有浑善达克、呼伦贝尔、科尔沁和毛乌素4大沙地,其行政范围包括北京、天津、内蒙古、河北、山西、辽宁、吉林、黑龙江、陕西和宁夏10省(自治区、直辖市)。本区是影响华北及东北地区沙尘天气的沙源尘源区之一。干旱多风,植被稀疏,但地表和地下水资源相对丰富,年降水量在300~400毫米之间,沿中蒙边界在200毫米以下。本区天然与人工植被均可在自然降水条件下生长和恢复。目前存在的主要问题是过牧、过垦、过樵现象十分突出,植被衰败、草场退化、沙化发生发展活跃。本区以保护、恢复林草植被,减少地表扬沙起尘为重点。具体措施:牧区推行划区轮牧、休牧、围栏禁牧、舍饲圈养,同时沙化严重区实行生态移民,农牧交错区在搞好草畜平衡的同时,通过封沙育林育草、飞播造林(草)、退耕还林还草和水利基本建设等措施,建设乔灌草相结合的防风阻沙林带,治理沙化土地,遏制风沙危害。

3.亚温润沙地治理类型区

该区主要包括太行山以东、燕山以南、淮河以北的黄淮海平原地区,沙化土地主要由河流改道或河流泛滥形成,其中以黄河故道及黄泛区的沙化土地分布面积最大。行政范围涉及北京、天津、河北、山东、河南等省(直辖市)。该区自然条件较为优越,光照和水热资源丰富,年降水量450~800毫米。地下水丰富,埋藏较浅,开垦历史悠久,天然植被仅分布于残丘、沙荒、河滩、洼地、湖区等,是我国粮棉重点产区之一,人口密度大,劳动力资源丰富。目前存在的主要问题是局部地区风沙活动仍强烈,冬春季节风沙危害仍很严重。本区以田、渠、路林网和林粮间作建设为重点,全面治理沙化土地。主要治理措施:在沙地的前沿大力营造防风固沙林带,结合渠、沟、路建设,加强农田防护林、护路林建设,保护农田和河道,并在沙化面积较大的地块大力发展速生丰产用材林。

(二)黄土高原重点水土流失治理区

本区域包括陕西北部、山西西北部、内蒙古中南部、甘肃东部、青海东部及宁夏南部黄土丘陵区。总面积30多万平方千米,是世界上面积最大的黄土覆盖地区,气候干旱,植被稀疏,水土流失十分严重,水土流失面积约占总面积的70%,是黄河泥沙的主要来源地。这一地区土地和光热资源丰富,但水资源缺乏,农业生产结构单一,广种薄收,产量长期低而不稳,群众生活困难,贫困人口量多面广。加快这一区域生态环境治理,不仅可以解决农村贫困问题,改善生存和发展环境,而且对治理黄河至关重要。生态环境建设的主攻方向是:以小流域为治理单元,以县为基本单位,以修建水平梯田和沟坝地等基本农田为突破口,综合运用工程措施、生物措施和耕作措施治理水土流失,尽可能做到泥不出沟。陡坡地退耕还草还林,实行草、灌木、乔木结合,恢复和增加植被。在对黄河危害最大的砂岩地区大力营造沙棘水土保持林,减少粗沙流失危害。大力发展雨水集流节水灌溉,推广普及旱作农业技术,提高农产品产量,稳定解决温饱问题[5]。积极发展林果业、畜牧业和农副产品加工业,帮助农民脱贫致富。

（三）北方退化天然草原恢复治理区

我国草原分布广阔,总面积约270万 km²,占国土面积的四分之一以上,主要分布在内蒙古、新疆、青海、四川、甘肃、西藏等地区,是我国生态环境的重要屏障。长期以来,受人口增长、气候干旱和鼠虫灾害的影响,特别是超载过牧和滥垦乱挖,使江河水系源头和上中游地区的草地退化加剧,有些地方已无草可用、无牧可放。生态环境建设的主攻方向是:保护好现有林草植被,大力开展人工种草和改良草场（种）,配套建设水利设施和草地防护林网,加强草原鼠虫灾防治,提高草场的载畜能力。禁止草原开荒种地。实行围栏、封育和轮牧,建设"草库伦",搞好草畜产品加工配套。

（四）青藏高原荒漠化防治区

本区域面积约176万 km²,该区域绝大部分是海拔3 000 m以上的高寒地带,土壤侵蚀以冻融侵蚀为主。人口稀少,牧场广阔,其东部及东南部有大片林区,自然生态系统保存较为完整,但天然植被一旦破坏将难以恢复。生态环境建设的主攻方向是:以保护现有的自然生态系统为主,加强天然草场,长江、黄河源头水源涵养林和原始森林的保护,防止不合理开发。其中分为两个亚区,即高寒冻融封禁保护区和高寒沙化土地治理区。

（五）西南岩溶地区石漠化治理区

主要以金沙江、嘉陵江流域上游干热河谷和岷江上游干旱河谷,川西地区、三峡库区、乌江石灰岩地区、黔桂滇岩溶地区热带一亚热带石漠化治理为重点,加大生态保护和建设力度。

三、荒漠化防治对策

荒漠化防治是一项长期艰巨的国土整治和生态环境建设工作,需要从制度、政策、机制、法律、科技、监督等方面采取有效措施,处理好资源、人口、环境之间的关系,促进荒漠化防治工作的健康发展。认真实施《全国防沙治沙规划》,落实规划任务,制定年度目标,定期监督检查,确保取得实效。抓好防沙治沙重点工程,落实工程建设责任制,健全标准体系,狠抓工程质量,严格资金管理,搞好检查验收,加强成果管护,确保工程稳步推进。创新体制机制。实行轻税薄费的税赋政策,权属明确的土地使用政策,谁投资、谁治理、谁受益的利益分配政策,调动全社会的积极性。强化依法治沙,加大执法力度,提高执法水平,推行禁垦、禁牧、禁樵措施,制止边治理、边破坏现象,建立沙化土地封禁保护区。依靠科技进步,推广和应用防沙治沙实用技术和模式,加强技术培训和示范工作,增加科技含量,提高建设质量。建设防沙治沙综合示范区,探索防沙治沙政策措施、技术模式和管理体制,以点带片,以片促面,构建防沙治沙从点状拉动到组团式发展的新格局。健全荒漠化监测和预警体系,加强监测机构和队伍建设,健全和完善荒漠化监测体系,实施重点工程跟踪监测,科学评价建设效果。发挥各相关部门的作用,齐抓共管,共同推进防沙治沙工作。

(一)加大荒漠化防治科技支撑力度

科学规划,周密设计。科学地确定林种和草种结构,宜乔则乔,宜灌则灌,宜草则草,乔灌草合理配置,生物措施、工程措施和农艺措施有机结合。大力推广和应用先进科技成果和实用技术。根据不同类型区的特点有针对性地对科技成果进行组装配套,着重推广应用抗逆性强的植物良种、先进实用的综合防治技术和模式,逐步建立起一批高水平的科学防治示范基地,辐射和带动现有科技成果的推广和应用,促进科技成果的转化。

加强荒漠化防治的科技攻关研究。荒漠化防治周期长,难度大,还存在着一系列亟待研究和解决的重大科技课题。如荒漠化控制与治理、沙化退化地区植被恢复与重建等关键技术;森林生态群落的稳定性规律;培育适宜荒漠化地区生长、抗逆性强的树木良种,加快我国林木良种更新,提高林木良种使用率,荒漠化地区水资源合理利用问题,保证生态系统的水分平衡等。

大力推广和应用先进科技成果和实用技术。在长期的防治荒漠化实践中,我国广大科技工作者已经探索、研究出了上百项实用技术和治理模式,如节水保水技术、风沙区造林技术、沙区飞播造林种草技术、封沙育林育草技术、防护林体系建设与结构模式配置技术、草场改良技术、病虫害防治技术、沙障加生物固沙技术、公路铁路防沙技术、小流域综合治理技术和盐碱地改良技术等,这些技术在我国荒漠化防治中已被广泛采用,并在实践中被证明是科学可行的。

(二)建立荒漠化检测和工程效益评价体系

荒漠化监测与效益评价是工程管理的一个重要环节,也是加强工程管理的重要手段,是编制规划、兑现政策、宏观决策的基础,是落实地方行政领导防沙治沙责任考核奖惩的主要依据。为了及时、准确、全面地了解和掌握荒漠化现状及治理成就及其生态防护效益,为荒漠化管理部门进行科学管理、科学决策提供依据,必须加强和完善荒漠化监测与效益评价体系建设,进一步提高荒漠化监测的灵敏性、科学性和可靠性。

加强全国沙化监测网络体系建设。在 5 次全国荒漠化、沙化监测的基础上,根据《防沙治沙法》的有关要求,要进一步加强和完善全国荒漠化、沙化监测网络体系建设,修订荒漠化监测的有关技术方案,逐步形成以面上宏观监测、敏感地区监测和典型类型区定位监测为内容的,以"3S"技术结合地面调查为技术路线的,适合当前国情的比较完备的荒漠化监测网络体系。

建立沙尘暴灾害评估系统。利用最新的技术手段和方法,预报沙尘暴的发生,评估沙尘暴所造成的损失,为各级政府提供防灾减灾的对策和建议,具有十分重要的意义。近年来,国家林业和草原局在沙化土地监测的基础上,与气象部门合作,开展了沙尘暴灾害损失评估工作。应用遥感信息和地面站点的观测资料,结合沙尘暴影响区域内地表植被、土壤状况、作物面积和物候期、生长期、畜牧业情况及人口等基本情况,通过建立沙尘暴灾害经济损失评估模型,对沙尘暴造成的直接经济损失进行评估。今后,需要进一步修订完善灾害评估模型,以提高灾害评估的准确性和可靠度。

完善工程效益定位监测站(点)网建设。防治土地沙化重点工程,要在工程实施前完成工程区各种生态因子的普查和测定,并随着工程进展连续进行效益定位监测和评价。国家林业和草原局拟在各典型区建立工程效益监测站,利用"3S"技术,点面监测结合,对工程实施实时、动态监测,掌握工程进展情况,评价防沙治沙工程效益。工程监测与效益评价结果应分区、分级进行,在国家级的监测站下面,根据实际情况分级设立各级监测网点。

(三)完善管理体制、创新治理机制

我国北方的土地退化经过近半个世纪的研究和治理,荒漠化和沙化整体扩展的趋势得到初步遏制,但局部地区仍在扩展。基于我国的国情和沙情,我国土地荒漠化和沙化的总体形势仍然严峻,防沙治沙的任务仍然非常艰巨。我国荒漠化治理过多地依赖政府行为,忽视了人力资本的开发和技术成果的推广与转化。制度安排的不合理是影响我国沙漠化治理成效的重要原因之一[6]。要走出现实的困境,就必须完成制度安排的正向变迁,在产权得到保护和补偿制度建立的前提下,通过一系列的制度保证,将荒漠的公益性治理的运作机制转变为利益性治理,建立符合经济主体理性的激励相容机制,鼓励农牧民和企业参与治沙,从根本上解决荒漠化的贫困根源,使荒漠化地区经济、社会得到良性发展,实现社会、经济、环境三重效益的整体最大化。

1.设立生态特区和封禁保护区

在我国北方共计有7 400多千米的边境风沙线,既是国家的边防线,又是近50个少数民族的生命线。另外西部航天城、军事基地,卫星、导弹发射基地,驻扎在国境线上的无数边防哨卡等,直接关系到国防安全和国家安全。荒漠化地区的许多国有林场(包括苗圃、治沙站)和科研院所是防治荒漠化的主力军,但科学研究因缺乏经费不能开展,许多关键问题如节水技术、优良品种选育、病虫害防治等得不到解决,很多种、苗基地处于瘫痪、半瘫痪状态,职工工资没有保障,工程建设缺乏技术支撑和持续发展后劲。

有鉴于此,建议将沙区现有的军事战略基地(军事基地、航天基地、边防

哨所、营地等)和科研基地(长期定位观测站、治沙试验站、新技术新品种试验区等)划为生态特区。

沙化土地封禁保护区是指在规划期内不具备治理条件的以及因保护生态的需要不宜开发利用的连片沙化土地。据测算,按照沙化土地封禁保护区划定的基本条件,我国适合封禁保护的沙化土地总面积约 60 万 km^2,主要分布在西北荒漠和半荒漠地区以及青藏高原高寒荒漠地区,区内分布有塔克拉玛干、古尔班通古特、库姆塔格、巴丹吉林、腾格里、柴达木、亚玛雷克、巴音温都尔等沙漠。行政范围涉及新疆、内蒙古、西藏、甘肃、宁夏、青海6 个省(自治区),114 个县(旗、区)。这些地区是我国沙尘暴频繁活动的中心区域或风沙移动的路经区,对周边区域的生态环境有明显的影响。因此,加快对这些地区实施封禁保护,促进沙区生态环境的自然修复,减轻沙尘暴的危害,改善区域生态环境,是当前防沙治沙工作所面临的一项十分紧迫的任务。

主要采取的保护措施包括:一是停止一切导致这部分区域生态功能退化的开发活动和其他人为破坏活动;二是停止一切产生严重环境污染的工程项目建设;三是严格控制人口增长,区内人口已超过承载能力的应采取必要的移民措施;四是改变粗放生产经营方式,走生态经济型发展的道路,对已经破坏的重要生态系统,要结合生态环境建设措施,认真组织重建,尽快遏制生态环境恶化趋势;五是进行重大工程建设要经国务院指定的部门批准。沙化土地封禁保护区建设是一项新事物,目前仍处于起步阶段。特别是封禁保护的区域多位于边远地区、贫困地区和少数民族地区,如何妥善处理好封禁保护与地方经济社会发展的关系,保证其健康有序地推进,还没有可以借鉴的成熟模式和经验,还需要在实践过程中不断地探索和总结。封禁保护区建设涉及农、林、国土等不同的行业和部门,建设项目包括封禁保护区居民转移安置、配套设施建设、管理和管护队伍建设、宣传教育等,是一项工作难度大、综合性较强的系统工程。因此,研究制定切实可行的措施与保障机制,对于保证封禁保护区建设成效具有重要意义。

2. 创办专业化治沙生态林场

目前,荒漠化地区"林场变农场,苗圃变农田,职工变农民"的现象比较普遍。近几年在西北地区爆发的黄斑天牛、光肩星天牛虫害使多年来营造的大面积防护林毁于一旦,给农业生产带来严重损失,宁夏平原地区因天牛危害砍掉防护林使农业减产 20% ~ 30%,这种本可避免的损失与上述困境有直接的关系。

为了保证荒漠化治理工程建设的质量和投资效益;建议在国家、省、地、县组建生态工程承包公司,由农村股份合作林场、治沙站、国有林场以及下岗人员参与国家和地方政府的荒漠化治理工程投标。所有生态工程建设项目实行招标制审批,合同制管理,公司制承包,股份制经营,滚动式发展机制,自主经营,自负盈亏,独立核算。

3. 出台荒漠化治理的优惠政策

我国先后颁布和制定过多项防沙治沙优惠政策(如发放贴息贷款、沙地无偿使用、减免税收等),但大多数已不能适应新的形势发展。为了鼓励对荒漠化土地的治理与开发,新的优惠政策应包括四个方面:一是资金扶持。由于荒漠化地区治理、开发投资大,除工程建设投资和贴息贷款外,建议将中央农、林、牧、水、能源等各产业部门、扶贫、农业综合开发等资金捆在一起,统一使用,以加大治理和开发的力度和规模。二是贷款优惠。改进现行贴息办法,实行定向、定期、定率贴息。根据工程建设内容的不同实行不同的还贷期限,如投资周期长的林果业,还贷期限以延长至 8 ~ 15 年为宜。简化贷款手续,改革现行贷款抵押办法,放宽贷款条件。三是落实权属。鼓励集体、社会团体、个人和外商承包治理和开发荒漠化土地,实行"谁治理、谁开发、谁受益"的政策,50 ~ 70 年不变,允许继承、转让、拍卖、租赁等。四是税收减免。

4. 完善生态效益补偿制度

防治荒漠化工程的主体是生态工程,需要长期经营和维护,其回报则主要或全部是具有公益性质的生态效益。为了补偿生态公益经营者付出的投入,弥补工程建设经费的不足,合理调节生态公益经营者与社会受益者之间的利益关系,增强全社会的环境意识和责任感,在荒漠化地区应尽快建立和完善生态效益补偿制度。补偿内容包括三个方面:一是向防治荒漠化工程的生态受益单位和个人,征收一定比例的生态效益补偿金;二是使用治理修复的荒漠化土地的单位和个人必须缴纳补偿金;三是破坏生态者不仅要支付罚款和负责恢复生态,还要缴纳补偿金。收取的补偿金专项用于防治荒漠化工程建设,不得挪用,以保证工程建设持续、快速、健康地发展[7]。

第三节　森林及湿地生物多样性保护

生物多样性是人类赖以生存的基本条件,是人类经济社会得以持续发展的基础。森林是"地球之肺",湿地是"地球之肾"。森林、湿地及其栖居的各种动植物,构成了生物多样性的主体。面对森林与湿地资源不断破坏、森林及湿地生物多样性日益锐减的严峻形势,积极开展森林及湿地生物多样性保护的研究与实践,对于保护好生物多样性、维护自然生态平衡、推动经济社会可持续发展具有巨大作用和重要意义。

当前全球及中国生物多样性研究的重点是从基本概念、岛屿生物地理学、自然保护区建设等方面解决重要理论、方法与技术问题,为认识和了解生物多样性、开展生物多样性保护的研究与实践提供科学依据。

一、生物多样性保护的生态学理论

(一)岛屿生物地理学

人们早就意识到岛屿的面积与物种数量之间存在着一种对应关系。MacArthur 和 Wilson 提出的岛屿生物地理学平衡理论(M－W 理论)。他们认为物种存活数目与其生境所占据的面积或空间之间的关系可以用幂函数来表示:这里 S 表示物种数目;为生境面积或空间大小;为常数,表示单位面积(空间)物种数目,随生态域和生物种类不同而有变化;为统计常量,反映 S 与各自取对数后彼此线性关系的斜率,即 M－W 理论首次从动态方面阐述了物种丰富度与面积及隔离程度的关系,认为岛屿上存活物种的丰富度取决于新物种的迁入和原来占据岛屿的物种的灭绝,迁入和绝灭过程的消长导致物种丰富度动态变化。物种灭绝率随岛屿面积的减小而增大(面积效应),物种迁入率随着隔离距离的增大而减小(距离效应)。当迁入率和灭绝率相等时,物种丰富度处于动态平衡,即物种的数目相对稳定,但物种的组成却不断变化和更新。这种状态下物种的种类更新的速率在数值上等于当时的迁入率或绝灭率,通常称为种周转率。这就是岛屿生物地理学理论的核心内容。

　　岛屿生物地理学理论的提出和迅速发展是生物地理学领域的一次革命。这一模型是基于对岛屿物种多样性的深入研究而提出的,但它的应用可以从海洋中真正的岛屿扩展到陆地生态系统,保护区、国家公园和其他斑块状栖息地可看作是被非栖息地"海洋"所包围的生境"岛屿"。对一些生物类群的调查也验证了岛屿生物地理学的理论。大量资料表明,面积和隔离程度确实在许多情况下是决定物种丰富程度的最主要因素,也正是在这一时期,人们开始发现许多物种已经绝灭而大量物种正濒临绝灭,人们也开始认识到这些物种绝灭对人类的灾难性。为此,人们建立了大批自然保护区和国家公园以拯救濒危物种,岛屿生物地理学理论的简单性及其适用领域的普遍性使这一理论长期成为物种保护和自然保护区设计的理论基础。岛屿生物地理学就被视为保护区设计的基本理论依据之一,保护区的建立以追求群落物种丰富度的最大化为基本原则。

(二)集合种群生态学

　　狭义集合种群指局域种群的灭绝和侵占,即重点是局域种群的周转。广义集合种群指相对独立地理区域内各局域种群的集合,并且各局域种群通过一定程度的个体迁移而使之联为一体。

　　用集合种群的途径研究种群生物学有两个前提:①局域繁育种群的集合被空间结构化;②迁移对局部动态有某些影响,如灭绝后,种群重建的可能性。

　　一个典型的集合种群需要满足4个条件。

　　条件1:适宜的生境以离散斑块形式存在。这些离散斑块可被局域繁育种群占据。

　　条件2:即使是最大的局域种群也有灭绝风险。否则,集合种群将会因最大局域种群的永不灭绝而可以一直存在下去,从而形成大陆岛屿型集合种群。

　　条件3:生境斑块不可过于隔离而阻碍局域种群的重新建立。如果生境斑块过于隔绝,就会形成不断趋于集合种群水平上灭绝的非平衡集合种群。

　　条件4:各个局域种群的动态不能完全同步。如果完全同步,那么集合种群不会比灭绝风险最小的局域种群的续存时间更长。这种异步性足以保证在目前环境条件下不会使所有的局域种群同时灭绝。

由于人类活动的干扰,许多栖息地都不再是连续分布,而是被割裂成多个斑块,许多物种就是生活在这样破碎化的栖息地当中,并以集合种群形式存在的,包括一些植物、数种昆虫纲以外的无脊椎动物、部分两栖动物、一些鸟类和部分小型哺乳动物,以及昆虫纲中的很多物种。

集合种群理论对自然保护有以下几个启示。①集合种群的长期续存需要 10 个以上的生境斑块。②生境斑块的理想间隔应是一个折中方案。③空间现实的集合种群模型可用于对破碎景观中的物种进行实际预测。④较高生境质量的空间变异是有益的。⑤现在景观中集合种群的生存可能具有欺骗性。

在过去几年中,集合种群动态及其在破碎景观中的续存等概念在种群生物学、保护生物学、生态学中牢固地树立起来。在保护生物学中,由于集合种群理论从物种生存的栖息地的质量及其空间动态的角度探索物种灭绝及物种分化的机制,成功地运用集合种群动态理论,可望从生物多样性演化的生态与进化过程上寻找保护珍稀濒危物种的规律[8]。它很大程度上取替了岛屿生物地理学。

另外,随着景观生态学、恢复生态学的发展,基于景观生态学理论的自然保护区研究与规划,以及基于恢复生态学理论的退化生态系统恢复技术,在生物多样性保护方面也正发挥着越来越重要的作用。

二、生物多样性保护技术

(一)一般途径

1. 就地保护

就地保护是保护生物多样性最为有效的措施。就地保护是指为了保护生物多样性,把包含保护对象在内的一定面积的陆地或水体划分出来,进行保护和管理。就地保护的对象主要包括有代表性的自然生态系统和珍稀濒危动植物的天然集中分布区等。就地保护主要是建立自然保护区。自然保护区的建立需要大量的人力物力,因此,保护区的数量终究有限。同时,某些濒危物种、特殊生态系统类型、栽培和家养动物的亲缘种不一定都生活在保护区内,还应从多方面采取措施,如建设设立保护点等。在林业上,应采取有利生物多样性保护的林业经营措施,特别应禁止采伐残存的原生天然林及保护残存的片断化的天然植被,如灌丛、草丛,禁止开垦草地、湿地等。

2. 迁地保护

迁地保护是就地保护的补充。迁地保护是指为了保护生物多样性,把由于生存条件不复存在,物种数量极少或难以找到配偶等原因,而生存和繁衍受到严重威胁的物种迁出原地,通过建立动物园、植物园、树木园、野生动物园、种子库、精子库、基因库、水族馆、海洋馆等不同形式的保护设施,对那些比较珍贵的、具有较高价值的物种进行的保护。这种保护在很大程度上是挽救式的,它可能保护了物种的基因,但长久以后,可能保护的是生物多样性的活标本。因为迁地保护是利用人工模拟环境,自然生存能力、自然竞争等在这里无法形成。珍稀濒危物种的迁地保护一定要考虑种群的数量,特别对稀有和濒危物种引种时要考虑引种的个体数量,因为保持一个物种必须以种群最小存活数量为依据。对某一个种仅引种几个个体对保存物种的意义有限,而且一个物种种群最好来自不同地区,以丰富物种遗传多样性。迁地保护为趋于灭绝的生物提供了生存的最后机会。

3. 离体保护

离体保护是指通过建立种子库、精子库、基因库等对物种和遗传物质进行的保护。这种方法利用空间小、保存量大、易于管理,但该方法在许多技术上有待突破. 对于一些不易储藏、储存后发芽率低等"难对付"的种质材料,目前还很难实施离体保护。

（二）自然保护区建设

自然保护区在保护生态系统的天然本底资源、维持生态平衡等多方面都有着极其重要的作用。在生物多样性保护方面,由于自然保护区很好地保护了各种生物及其赖以生存的森林、湿地等各种类型生态系统,为生态系统的健康发展以及各种生物的生存与繁衍提供了保证。自然保护区是各种生态系统以及物种的天然储存库,是生物多样性保护最为重要的途径和手段。

1. 自然保护区地址的选择

保护区地址的选择,首先必须明确其保护的对象与目标要求。一般来说需考虑以下因素:①典型性。应选择有地带性植被的地域,应有本地区原始的"顶极群落",即保护区为本区气候带最有代表性的生态系统。②多样性。即多样性程度越高,越有保护价值。③稀有性。即保护那些稀有的物种及其群体。④脆弱性。脆弱的生态系统对极易受环境的改变而发生变化,保护价值较高。另外还要考虑面积因素、天然性、感染力、潜在的保护价值以及科研价值等方面。

2. 自然保护区设计理论

由于受到人类活动干扰的影响,许多自然保护区已经或正在成为生境岛屿。岛屿生物地理学理论为研究保护区内物种数目的变化和保护的目标物种的种群动态变化提供了重要的理论方法,成为自然保护区设计的理论依据。但在一个大保护区好还是几个小保护区好等问题上,一直仍有争议,因此岛屿生物地理学理论在自然保护区设计方面的应用值得进一步研究与认识。

3. 自然保护区的形状与大小

保护区的形状对于物种的保存与迁移起着重要作用。Wilson 和 Willis 认为,当保护区的面积与其周长比率最大时,物种的动态平衡效果最佳,即圆形是最佳形状,它比狭长形具有较小的边缘效应。

对于保护区面积的大小,目前尚无准确的标准。主要应根据保护对象和目的,应基于物种—面积关系、生态系统的物种多样性与稳定性等加以确定。

4. 自然保护区的内部功能分区

自然保护区的结构一般由核心区、缓冲区和实验区组成,不同的区域具有不同的功能。

核心区是自然保护区的精华所在,是被保护物种和环境的核心,需要加以绝对严格保护。核心区具有以下特点:①自然环境保存完好;②生态系统内部结构稳定,演替过程能够自然进行。③集中了本自然保护区特殊的、稀有的野生生物物种。

核心区的面积一般不得小于自然保护区总面积的三分之一。在核心区内可以允许进行科学观测,在科学研究中起对照作用。不得在核心区采取人为的干预措施,更不允许修建人工设施和进入机动车辆。应禁止参观和游览的人员进入。

缓冲区是指在核心区外围为保护、防止和减缓外界对核心区造成影响和干扰所划出的区域,它有两方面的作用:①进一步保护和减缓核心区不受侵害;②可允许进行经过管理机构批准的非破坏性科学研究活动。

实验区是指自然保护区内可进行多种科学实验的地区。实验区内在保护好物种资源和自然景观的原则下,可进行以下活动和实验:①栽培、驯化、繁殖本地所特有的植物和动物资源;②建立科学研究观测站从事科学试验;③进行大专院校的教学实习;④具有旅游资源和景点的自然保护区,可划出一定的范围,开展生态旅游。

景观生态学的理论和方法在保护区功能区的边界确定及其空间格局等方面的应用越来越引起人们的关注。

5. 自然保护区之间的生境廊道建设

生境廊道既为生物提供了居住的生境,也为动植物的迁移扩散提供了通道。自然保护区之间的生境廊道建设,有利于不同保护区之间以及保护区与外界之间进行物质、能量、信息的交流。在生境破碎,或是单个小保护区内不能维持其种群存活时,廊道为物种的安全迁移以及扩大生存空间提供了可能。

三、我国生物多样性保护重大行动

(一)全国野生动植物保护及自然保护区建设工程总体规划

1. 总体目标

通过实施全国野生动植物保护及自然保护区工程建设总体规划,拯救一批国家重点保护野生动植物,扩大、完善和新建一批国家级自然保护区、禁猎区和种源基地及珍稀植物培育基地,恢复和发展珍稀物种资源。到建设期末,我国自然保护区数量为 2 500 个(林业自然保护区数量为 2 000 个),总面积 1.728 亿 hm^2,占国土面积的 18%(林业自然保护区总面积占国土面积的 16%)。形成一个以自然保护区、重要湿地为主体,布局合理、类型齐全、设施先进、管理高效、具有国际重要影响的自然保护网络。加强科学研究、资源监测、管理机构、法律法规和市场流通体系建设和能力建设,基本实现野生动植物资源的可持续利用和发展。

2. 工程区分类与布局

根据国家重点保护野生动植物的分布特点,将野生动植物及其栖息地保护总体规划在地域上划分为东北山地平原区、蒙新高原荒漠区、华北平原黄土高原区、青藏高原高寒区、西南高山峡谷区、中南西部山地丘陵区、华东丘陵平原区和华南低山丘陵区共 8 个建设区域。

3. 建设重点

(1)国家重点野生动植物保护

具体开展大熊猫、朱鹮、老虎(即东北虎、华南虎、孟加拉虎和印支虎)、金丝猴、藏羚羊、扬子鳄、大象、长臂猿、麝、普氏原羚、野生鹿、鹤类、野生雉类、兰科植物、苏铁保护 15 个重点野生动植物保护项目建设。

(2)国家重点生态系统类型自然保护区建设

森林生态系统保护和自然保护区建设:①热带森林生态系统保护。加强 12 处 58 万 hm^2 已建国家级自然保护区的建设,新建保护区 8 处,面积 30 万 hm^2。②亚热带森林生态系统保护。重点加强现有 33 个国家级自然保护区建设,新建 34 个国家级自然保护区,增加面积 280 万 hm^2。③温带森林生态系统保护。重点建设现有 27 处国家级自然保护区,新建 16 个自然保护区,面积 120 万 hm^2。

荒漠生态系统保护和自然保护区建设:加强 30 处面积 3 860 万 hm^2 重点荒漠自然保护区的建设,新建 28 处总面积为 2 000 万 hm^2 的荒漠自然保护区,重点保护荒漠地区的灌丛植被和生物多样性。

(二)全国湿地保护工程实施规划

湿地为全球三大生态系统之一,"地球之肾"。湿地是陆地(各种陆地类型)与水域(各种水域类型)之间的相对稳定的过渡区或复合区、生态交错区,是自然界陆、水、气过程平衡的产物,形成了各种特殊的、单纯陆地类型和单纯深阔水域类型所不具有的复杂性质(特殊的界面系统、特殊的复合结构、特殊的景观、特殊的物质流通和能量转化途径和通道、特殊的生物类群、特殊的生物地球化学过程等),是地球表面系统水循环、物质循环的平衡器、缓冲器和调节器,具有极其重要的功能。具体表现为生命与文明的摇篮;提供水源,补充地下水;调节流量,控制洪水;保护堤岸,抵御自然灾害;净化污染;保留营养物质;维持自然生态系统的过程;提供可利用的资源;调节气候;航运;旅游休闲;教育和科研等。作为水陆过渡区,湿地孕育了十分丰富而又独特的生物资源,是重要的基因库。

1. 长期目标

根据《全国湿地保护工程规划》建设目标,湿地保护工程建设的长期目标是:通过湿地及其生物多样性的保护与管理,湿地自然保护区建设等措施,全面维护湿地生态系统的生态特性和基本功能,使我国自然湿地的下降趋势得到遏制。通过补充湿地生态用水、污染控制以及对退化湿地的全面恢复和治理,使流失的湿地面积得到较大恢复,使湿地生态系统进入一种良性状态。同时,通过湿地资源可持续利用示范以及加强湿地资源监测、宣教培训、科学研究、管理体系等方面的能力建设,全面提高我国湿地保护、管理和合理利用水平,从而使我国的湿地保护和合理利用进入良性循环,保持和最大限度地发挥湿地生态系统的各种功能和效益,实现湿地资源的可持续利用,使其造福当代、惠及子孙。

2. 建设布局

根据我国湿地分布的特点,全国湿地保护工程的建设布局为东北湿地区、黄河中下游湿地区、长江中下游湿地区、滨海湿地区、东南和南部湿地区、云贵高原湿地区、西北干旱半干旱湿地区、青藏高寒湿地区。

3. 建设内容

湿地保护工程涉及湿地保护、恢复、合理利用和能力建设四个环节的建设内容,它们相辅相成,缺一不可。考虑到我国保护现状和建设内容的轻重缓急,优先开展湿地的保护和恢复、合理利用的示范项目以及必需的能力建设。

(1)湿地保护工程

对目前湿地生态环境保持较好、人为干扰不是很严重的湿地,主要以保护为主,以避免生态进一步恶化。

自然保护区建设。我国现有湿地类型自然保护区473个,已投资建设了

30 多处。规划期内投资建设 222 个。其中,现有国家级自然保护区、国家重要湿地范围内的地方级及少量新建自然保护区共 139 个。

保护小区建设。为了抢救性保护我国湿地区域内的野生稻基因,需要在全国范围内建设 13 个野生稻保护小区。

对 4 个人为干扰特别严重的国家级湿地自然保护区的核心区实施移民。

(2)湿地恢复工程

对一些生态恶化、湿地面积和生态功能严重丧失的重要湿地,目前正在受到破坏亟须采取抢救性保护的湿地,要针对具体情况,有选择性开展湿地恢复项目。

湿地污染控制。规划选择污染严重生态价值又大的江苏阳澄湖、滆湖、新疆博斯腾湖、内蒙古乌梁素海 4 处开展富营养化湖泊湿地生物控制示范,选择大庆、辽河和大港油田进行开发湿地的保护示范。

(三)国家林木种质资源平台建设项目

1.总体目标

全面系统地收集保存林木种质资源,基本保存库、区域保存库、扩展保存库与原地保存库等林木种质资源得到有效整理、整合,建立健全林木种质资源平台网站与节点,实现种质资源的标准化、数字化、网络化,提高保存与管理效率,实现种质资源的安全保存与共享,为林木遗传改良和林业发展提供种质材料,最终达到科学利用,造福人类。

2.建设内容

(1)基本保存库

简称 A 库。针对不同气候带、保存对象等开展林木种质资源的系统收集。全国建立亚热带(江西)针阔树种种质资源保存库、南亚热带(广西)针阔树种种质资源保存库等 18 个保存库,其中已建成 11 个库,正建与待建的库 7 个。

A 库保存种质资源的计划与设计出 NFGRP 项目组统一设计,兼有收集、保存、测定、评价、利用和信息管理以及示范等多种功能。

(2)区域保存库

简称 B 库。在各省级林木良种繁育基地中选建的保存库体系,包括全国 34 个省级单位。已建的 B 库 14 个省(自治区、直辖市)林木种苗站,分管林木良种繁育中心(基地)。

B 库将保存与利用密切结合,实现林木种质资源数字化管理。

(3)扩展研究保存库

简称 C 库。是在 A 库、B 库建立基础上,强化林木种质资源保存功能,增加保存技术研究等而扩展的保存库亚体系,是全国林木种质资源保存体系的重要组成部分。目前 C 库包括:国际竹藤网络中心、花卉中心与花卉协会、亚林所、热林所、资昆所、经济林中心、沙林中心等。

C 库是 A 库的扩展与完善,兼有研究、保存、测定、评价、利用、信息管理及示范等功能。

(4)全国林木种质资源原地保存库

简称 D 库。是特指自然保存区内、外原地保存林的统称。是各个树种种质资源系统保存需要与保护区生态植被区系保护需要相结合的林木种质资源原地(原位、原境)保存体系。

D 库是物种全分布区遗传多样性保存的天然资源的保存方式。在已有自然保护区中建立保存林并定位定量观测、评价,具有保存、测定、评价、信息管理与利用的功能。

(5)特色种质与重点区域性保存库

简称 E 库。涵盖高等林业院校重点区域性质保存库、地域性典型物种种质资源保存库。兼有保存、展示、研究、利用等多重功能。E 库体系为新建,目前包括华南农业大学等。

E 库是 A、B、C、D 库体系的补充与扩展,实现多功能配置,建立各具特色与有效信息管理的保存库。

(6)国家濒危珍稀树种种质资源保存库

简称 F 库。在以上 A、B、C、D 库保存国家特有、濒危珍稀树种种质资源的同时,根据需要重点建立抢救、保存与利用相结合的特色 F 库体系。

以特色地带濒危珍稀树种或树种组为单元,以小型规模为主。序号编制按地域、基地规模、存量与增量资源等拟定并相对稳定。F 库保存将遏制基因丢失、开发利用与信息管理相结合。

（7）重点引种成功外来树种种质资源库

简称 G 库。立足于保存对我国有用、有效的引进种质资源，并非引种试验。经过严格引种评价，具有安全性的引种成功树种，譬如 1~2 个生育周期的多地点试验，按照种内群体（含种源、林分）、家系（全同胞、半同胞）、个体或无性系进行种质资源分类保存、信息管理与推荐应用等。

（8）其他

简称 L 库。不归属于 A、B、C、D、E、F、G 库的其他库类，需要说明存量与增量的属性及相应的资源编号特征。

（四）工程（项目）建设技术

1. 保护技术

①应用景观生态学等理论对保护区进行科学的规划设计。②合理扩大保护区范围。③实施封禁、封育措施，或适当加以人工辅助。④建设保护设施，如隔离围栏、保护区界碑（桩）、野生动植物救护设施设备等，建设宣教工程，如宣传牌、宣传栏、宣传材料制作，以及加强监察巡防等。

2. 恢复技术

①基于生态关键种理论，确定生态关键种，实施促进生态关键种生存、生长与繁育更新的恢复技术。②基于外来物种与原有物种竞争关系及其入侵机制的认识，实施原有物种的培育更新并结合其他物理或化学措施，有效控制生物入侵、恢复自然植被群落。③基于群落演替规律和动态模拟为基础，选择应用地带性植被，并对群落结构进行优化调控、改造更新与恢复技术。④基于岛屿生物地理学、景观生态学等理论，扩展保护区及其斑块的面积，丰富生境异质性，合理构建生境廊道，实施退田还湖、退耕还林等措施，有效恢复生物的栖息地。⑤对于水资源缺乏而退化的湿地，根据湿地区域生态需水量及季节需求，模拟湿地自然进水季节与自然进水过程，应用生态补水技术，实施湿地生态补水工程。⑥对于污染的湿地，针对污染的类型与强度，选择适宜的材料和设计，实施植物净化修复、"人工浮岛"去污、缓冲带构建以及湿地基底改造等污染修复技术。⑦对于珍稀濒危物种，研究实施物种的繁殖、培育、野生驯化技术，以有效增加珍稀濒危物种的种群数量。⑧对于林木种质遗传多样

性保存,研究确定核心种质、有效群体大小、遗传多样性分析等方面的技术方法,研究采用科学的异地保存、离体保存等保存技术体系,以全面保存种质遗传多样性。

第三章 现代林业与生态文明建设

第一节 现代林业与生态环境文明

一、现代林业与生态建设

维护国家的生态安全必须大力开展生态建设。国家要求"在生态建设中,要赋予林业以首要地位",这是一个很重要的命题。这个命题至少说明现代林业在生态建设中占有极其重要的位置。

为了深刻理解现代林业与生态建设的关系,首先必须明确生态建设所包括的主要内容。"加强能源资源节约和生态环境保护,增强可持续发展能力。坚持节约资源和保护环境的基本国策,关系人民群众切身利益和中华民族生存发展。必须把建设资源节约型、环境友好型社会放在工业化、现代化发展战略的突出位置,落实到每个单位、每个家庭。要完善有利于节约能源资源和保护生态环境的法律和政策,加快形成可持续发展体制机制。落实节能减排工作责任制。开发和推广节约、替代、循环利用和治理污染的先进适用技术,发展清洁能源和可再生能源,保护土地和水资源,建设科学合理的能源资源利用体系,提高能源资源利用效率。发展环保产业。加大节能环保投入,重点加强水、大气、土壤等污染防治,改善城乡人居环境。加强水利、林业、草原建设,加强荒漠化石漠化治理,促进生态修复。加强应对气候变化能力建设,为保护全球气候做出新贡献。"

其次必须认识现代林业在生态建设中的地位。生态建设的根本目的,是为了提升生态环境的质量,提升人与自然和谐发展、可持续发展的能力。现代林业建设对于实现生态建设的目标起着主体作用,在生态建设中处于首要地位。这是因为,森林是陆地生态系统的主体,在维护生态平衡中起着决定作用。林业承担着建设和保护"三个系统一个多样性"的重要职能,即建设和保护森林生态系统、管理和恢复湿地生态系统、改善和治理荒漠生态系统、维护和发展生物多样性。科学家把森林生态系统喻为"地球之肺",把湿地生态系统喻为"地球之肾",把荒漠化喻为"地球的癌症",把生物多样性喻为"地球的免疫系统"。这"三个系统一个多样性",对保持陆地生态系统的整体功能起着中枢作用和杠杆作用,无论损害和破坏哪一个系统,都会影响地球的生态平衡,影响地球的健康长寿,危及人类生存的根基。只有建设和保护好这些生态系统,维护和发展好生物多样性,人类才能永远地在地球这一共同的美丽家园里繁衍生息、发展进步。

(一)森林被誉为大自然的总调节,维持着全球的生态平衡

地球上的自然生态系统可划分为陆地生态系统和海洋生态系统。其中森林生态系统是陆地生态系统中组成最复杂、结构最完整、能量转换和物质循环最旺盛、生物生产力最高、生态效应最强的自然生态系统;是构成陆地生态系统的主体;是维护地球生态安全的重要保障,在地球自然生态系统中占有首要地位。森林在调节生物圈、大气圈、水圈、土壤圈的动态平衡中起着基础性、关键性作用。

森林生态系统是世界上最丰富的生物资源和基因库。仅热带雨林生态系统就有 200 万 ~ 400 万种生物。森林的大面积被毁,大大加速了物种消失的速度。近 200 年来,濒临灭绝的物种就有将近 600 种鸟类、400 余种兽类、200 余种两栖类以及 2 万余种植物,这比自然淘汰的速度快 1 000 倍。

森林是一个巨大的碳库,是大气中 CO_2 重要的调节者之一。一方面,森林植物通过光合作用,吸收大气中的 CO_2;另一方面,森林动植物、微生物的呼吸及枯枝落叶的分解氧化等过程,又以 CO_2、CO、CH_4 的形式向大气中排放碳。

森林对涵养水源、保持水土、减少洪涝灾害具有不可替代的作用。据专家估算,目前我国森林的年水源涵养量达 3 474 亿 t,相当于现有水库总容量(4 600 亿 t)的 75.5%。根据森林生态定位监测,4 个气候带 54 种森林的综合涵蓄降水能力为 40.93 ~ 165.84 mm,即每公顷森林可以涵蓄降水约 1 000 m^3。

（二）森林在生物世界和非生物世界的能量和物资交换中扮演着主要角色

森林作为一个陆地生态系统，具有最完善的营养级体系，即从生产者（森林绿色植物）、消费者（包括草食动物、肉食动物、杂食动物以及寄生和腐生动物）到分解者全过程完整的食物链和典型的生态金字塔。由于森林生态系统面积大，树木形体高大，结构复杂，多层的枝叶分布使叶面积指数大，因此光能利用率和生产力在天然生态系统中是最高的。除了热带农业以外，净生产力最高的就是热带森林，连温带农业也比不上它。以温带地区几个生态系统类型的生产力相比较，森林生态系统的平均值是最高的。以光能利用率来看，热带雨林年平均光能利用率可达 4.5%，落叶阔叶林为 1.6%，北方针叶林为 1.1%，草地为 0.6%，农田为 0.7%。由于森林面积大，光合利用率高，因此森林的生产力和生物量均比其他生态系统类型高。据推算，全球生物量总计为 1 856 亿 t，其中 99.8% 是在陆地上。森林每年每公顷生产的干物质量达 6~8 t，生物总量达 1 664 亿 t，占全球的 90% 左右，而其他生态系统所占的比例很小，如草原生态系统只占 4.0%，苔原和半荒漠生态系统只占 1.1%。

全球森林每年所固定的总能量约为 $13 \times 1~017$ kJ，占陆地生物每年固定的总能量 $20.5 \times 1~017$ kJ 的 63.4%。因此，森林是地球上最大的自然能量储存库。

（三）森林对保持全球生态系统的整体功能起着中枢和杠杆作用

森林减少是由人类长期活动的干扰造成的。在人类文明之初，人少林茂兽多，常用焚烧森林的办法，获得熟食和土地，并借此抵御野兽的侵袭。进入农耕社会之后，人类的建筑、薪材、交通工具和制造工具等，皆需要采伐森林，尤其是农业用地、经济林的种植，皆由原始森林转化而来。工业革命兴起，大面积森林又变成工业原材料。直到今天，城乡建设、毁林开垦、采伐森林，仍然是许多国家经济发展的重要方式。

伴随人类对森林的一次次破坏，接踵而来的是森林对人类的不断"报复"。巴比伦文明毁灭了，玛雅文明消失了，黄河文明衰退了。水土流失、土地荒漠化、洪涝灾害、干旱缺水、物种灭绝、温室效应，无一不与森林面积减少、质量下降密切相关。

我国森林的破坏导致了水患和沙患两大心腹之患。西北高原森林的破坏导致大量泥沙进入黄河，使黄河成为一条悬河。长江流域的森林破坏也是近现代以来长江水灾不断加剧的根本原因[9]。北方几十万平方千米的沙漠化土地和日益肆虐的沙尘暴，也是森林破坏的恶果。人们总是经不起森林的诱惑，索取物质材料，却总是忘记森林作为大地屏障、江河的保姆、陆地生态的主体，对于人类的生存具有不可替代的整体性和神圣性。恩格斯早就深刻地警告："美索不达米亚、希腊、小亚细亚以及其他各地的居民，为了想得到耕地，把森林都砍光了，但是他们想不到，这些地方今天竟因此成为荒芜不毛之地。"美国前副总统阿尔·戈尔在《濒临失衡的地球》一书中这样写道："虽然我们依然需要大量了解森林与雨云之间的共生现象，我们却确实知道森林被毁之后，雨最后也会逐渐减少，湿度也会降低。具有讽刺意味的是，在原是森林的那个地区，还会继续有一个时期的大雨，冲走不再受到林冠荫蔽、不再为树根固定的表土……"

地球上包括人类在内的一切生物都以其生存环境为依托。森林是人类的摇篮、生存的庇护所，它用绿色装点大地，给人类带来生命和活力，带来智慧和文明，也带来资源和财富。森林是陆地生态系统的主体，是自然界物种最丰富、结构最稳定、功能最完善也最强大的资源库、再生库、基因库、碳储库、蓄水库和能源库，除了能提供食品、医药、木材及其他生产生活原料外，还具有调节气候、涵养水源、保持水土、防风固沙、改良土壤、减少污染、保护生物多样性、减灾防洪等多种生态功能，对改善生态、维持生态平衡、保护人类生存发展的自然环境起着基础性、决定性和不可替代的作用。在各种生态系统中，森林生态系统对人类的影响最直接、最重大，也最关键。离开了森林的庇护，人类的生存与发展就会丧失根本和依托。

森林和湿地是陆地最重要的两大生态系统，它们以70%以上的程度参与和影响着地球化学循环的过程，在生物界和非生物界的物质交换和能量流动中扮演着主要角色，对保持陆地生态系统的整体功能、维护地球生态平衡、促进经济与生态协调发展发挥着中枢和杠杆作用。林业就是通过保护和增强森林、湿地生态系统的功能来生产出生态产品。这些生态产品主要包括：吸收 CO_2、释放以、涵养水源、保持水土、净化水质、防风固沙、调节气候、清洁空气、减少噪声、吸附粉尘、保护生物多样性等。

二、现代林业与生物安全

（一）生物安全问题

生物安全是生态安全的一个重要领域。目前，国际上普遍认为，威胁国家安全的不只是外敌入侵，诸如外来物种的入侵、转基因生物的蔓延、基因食品的污染、生物多样性的锐减等生物安全问题也危及人类的未来和发展，直接影响着国家安全。维护生物安全，对于保护和改善生态环境，保障人的身心健康，保障国家安全，促进经济、社会可持续发展，具有重要的意义。在生物安全问题中，与现代林业紧密相关的主要是生物多样性锐减及外来物种入侵。

1.生物多样性锐减

由于森林的大规模破坏，全球范围内生物多样性显著下降。根据专家测算，由于森林的大量减少和其他种种因素，现在物种的灭绝速度是自然灭绝速度的1 000倍。这种消亡还呈惊人的加速之势。有许多物种在人类还未认识之前，就携带着它们特有的基因从地球上消失了，而它们对人类的价值很可能是难以估量的。现存绝大多数物种的个体数量也在不断减少。

我国的野生动植物资源十分丰富，在世界上占有重要地位。由于我国独特的地理环境，有大量的特有种类，并保存着许多古老的孑遗动植物属种，如有活化石之称的大熊猫、白鳍豚、水杉、银杉等。但随着生态环境的不断恶化，野生动植物的栖息环境受到破坏，对动植物的生存造成极大危害，使其种群急剧减少，有的已灭绝，有的正面临灭绝的威胁。

据统计，麋鹿、高鼻羚羊、犀牛、野马、白臀叶猴等珍稀动物已在我国灭绝。高鼻羚羊是20世纪50年代在新疆灭绝的。大熊猫、金丝猴、东北虎、华南虎、云豹、丹顶鹤、黄腹角雉、白鳍豚、多种长臂猿等20个珍稀物种分布区域已显著缩小，种群数量骤减，正面临灭绝危害。

我国高等植物中濒危或接近濒危的物种已达4 000～5 000种，占高等植物总数的15%～20%，高于世界平均水平。有的植物已经灭绝，如崖柏、雁荡润楠、喜雨草等。一种植物的灭绝将引起10～30种其他生物的丧失。许多曾分布广泛的种类,现在分布区域已明显缩小,且数量锐减。1984 年国家公布重点保护植物 354 种,其中一级重点保护植物 8 种,二级重点保护植物 159 种。据初步统计,公布在名录上的植物已有部分灭绝。

关于生态破坏对微生物造成的危害,在我国尚不十分清楚,但一些野生食用菌和药用菌,由于过度采收造成资源日益枯竭的状况越来越严重。

2.外来物种大肆入侵

根据世界自然保护联盟(IUCN)的定义,外来物种入侵是指在自然、半自然生态系统或生态环境中,外来物种建立种群并影响和威胁到本地生物多样性的过程。毋庸置疑,正确的外来物种的引进会增加引种地区生物的多样性,也会极大丰富人们的物质生活。相反,不适当的引种则会使得缺乏自然天敌的外来物种迅速繁殖,并抢夺其他生物的生存空间,进而导致生态失衡及其他本地物种的减少和灭绝,严重危及一国的生态安全。从某种意义上说,外来物种引进的结果具有一定程度的不可预见性。这也使得外来物种入侵的防治工作显得更加复杂和困难。在国际层面上,目前已制定有以《生物多样性公约》为首的防治外来物种入侵等多边环境条约以及与之相关的卫生、检疫制度或运输的技术指导文件等。

目前我国的入侵外来物种有 400 多种,其中有 50 余种属于世界自然保护联盟公布的全球 100 种最具威胁的外来物种。据统计,我国每年因外来物种造成的损失已高达 1 198 亿元,占国内生产总值的 1.36%。其中,松材线虫、美国白蛾、紫茎泽兰等 20 多种主要外来农林昆虫和杂草造成的经济损失每年 560 多亿元。最新全国林业有害生物普查结果显示,林业外来有害生物的入侵速度明显加快,每年给我国造成经济损失数量之大触目惊心。外来生物入侵既与自然因素和生态条件有关,更与国际贸易和经济的迅速发展密切相关,人为传播已成为其迅速扩散蔓延的主要途径。因此,如何有效抵御外来物种入侵是摆在我们面前的一个重要问题。

(二)现代林业对保障生物安全的作用

生物多样性包括遗传多样性、物种多样性和生态系统多样性。森林是一个庞大的生物世界,是数以万计的生物赖以生存的家园。森林中除了各种乔木、灌木、草本植物外,还有苔藓、地衣、蕨类、鸟类、兽类、昆虫等生物及各种微生物。据统计,目前地球上 500 万～5 000 万种生物中,有 50%～70% 在森林中栖息繁衍,因此森林生物多样性在地球上占有首要位置。在世界林业发达国家,保持生物多样性成为其林业发展的核心要求和主要标准,比如在美国密西西比河流域,人们对森林的保护意识就是从猫头鹰的锐减而开始警醒的。

1. 森林与保护生物多样性

森林是以树木和其他木本植物为主体的植被类型,是陆地生态系统中最大的亚系统,是陆地生态系统的主体。森林生态系统是指由以乔木为主体的生物群落(包括植物、动物和微生物)及其非生物环境(光、热、水、气、土壤等)综合组成的动态系统,是生物与环境、生物与生物之间进行物质交换、能量流动的景观单位。森林生态系统不仅分布面积广并且类型众多,超过陆地上的任何其他生态系统,它的立体成分体积大、寿命长、层次多,有着巨大的地上和地下空间及长效的持续周期,是陆地生态系统中面积最大、组成最复杂、结构最稳定的生态系统,对其他陆地生态系统有很大的影响和作用。森林不同于其他陆地生态系统,具有面积大、分布广、树形高大、寿命长、结构复杂、物种丰富、稳定性好、生产力高等特点,是维持陆地生态平衡的重要支柱。

森林拥有最丰富的生物种类。有森林存在的地方,一般环境条件不太严酷,水分和温度条件较好,适于多种生物的生长。而林冠层的存在和森林多层性造成在不同的空间形成了多种小环境,为各种需要特殊环境条件的植物创造了生存的条件。丰富的植物资源又为各种动物和微生物提供了食料和栖息繁衍的场所。因此,在森林中有着极其丰富的生物物种资源。森林中除建群树种外,还有大量的植物包括乔木、亚乔木、灌木、藤本、草本、菌类、苔藓、地衣等。森林动物从兽类、鸟类,到两栖类、爬虫、线虫、昆虫,以及微生物等,不仅种类繁多,而且个体数量大,是森林中最活跃的成分。全世界有 500 万～5 000 万个物种,而人类迄今从生物学上描述或定义的物种(包括动物、植物、微生物)仅有 140 万～170 万种,其中半数以上的物种分布在仅占全球陆地面积 7% 的热带森林里。例如,我国西双版纳的热带雨林 2 500 m² 内(表现面积)就有高等植物 130 种,而东北平原的羊草草原 1 000 m²(表现面积)只有 10～15 种,可见森林生态系统的物种明显多于草原生态系统。至于农田生态系统,生物种类更是简单量少。当然,不同的森林生态系统的物种数量也有很大差异,其中热带森林的物种最为丰富,它是物种形成的中心,为其他地区提供来了各种"祖系原种"。例如,地处我国南疆的海南岛,土地面积只占全国土地面积的0.4%,但却拥有维管束植物4 000余种,约为全国维管束植物种数的七分之一;乔木树种近千种,约为全国的三分之一;兽类77种,约为全国的21%;鸟类344种,约为全国的26%。由此可见,热带森林中生物种类的丰富程度。另外,还有许多物种在我们人类尚未发现和利用之前就由于大规模的森林被破坏而灭绝了,这对我们人类来说是一个无法挽回的损失。目前,世界上有30余万种植物、4.5万种脊椎动物和500万种非脊椎动物,我国有木本植物8 000余种,乔木2 000余种,是世界上森林树种最丰富的国家之一。

　　森林组成结构复杂。森林生态系统的植物层次结构比较复杂,一般至少可分为乔木层、亚乔木层、下木层、灌木层、草本层、苔藓地衣层、枯枝落叶层、根系层以及分布于地上部分各个层次的层外植物垂直面和零星斑块、片层等。它们具有不同的耐阴能力和水湿要求,按其生态特点分别分布在相应的林内空间小生境或片层,年龄结构幅度广,季相变化大,因此形成复杂、稳定、壮美的自然景观。乔木层中还可按高度不同划分为若干层次。例如,我国东北红松阔叶林地乔木层常可分为3层:第一层由红松组成;第二层由椴树、云杉、裂叶榆和色木等组成;第三层由冷杉、青楷械等组成。在热带雨林内层次更为复杂,乔木层就可分为4或5层,有时形成良好地垂直郁闭,各层次间没有明显的界线,很难分层。例如,我国海南岛的一块热带雨林乔木层可分为三层或三层以上。第一层由蝴蝶树、青皮、坡垒细子龙、等散生巨树构成,树高可达40 m;第二层由山荔枝、多种厚壳楮、多种蒲桃、多种柿树,大花第伦桃等组成,这一层有时还可分层,下层乔木有粗毛野桐、几种白颜、白茶和阿芳等。下层乔木下面还有灌木层和草本层,地下根系存在浅根层和深根层。此外还有种类繁多的藤本植物、附生植物分布于各层次。森林生态系统中各种植物和成层分布是植物对林内多种小生态环境的一种适应现象,有利于充分利用营养空间和提高森林的稳定性。由耐阴树种组成的森林系统,年龄结构比较复杂,同一树种不同年龄的植株分布于不同层次形成异龄复层林。如西藏的长苞冷杉林为多代的异龄天然林,年龄从40年生至 300 年生以上均有,形成比较复杂的异龄复层林。东北的红松也有不少为多世代并存的异龄林,如带岭的一块蕨类榛子红松林,红松的年龄分配延续 10 个龄级,年龄的差异达 200 年左右。异龄结构的复层林是某些森林生态系统的特有现象,新的幼苗、幼树在林层下不断生长繁衍代替老的一代,因此这一类森林生态系统稳定性较大,常常是顶级群落[10]。

森林分布范围广,形体高大,长寿稳定。森林约占陆地面积的 29.6%。由落叶或常绿以及具有耐寒、耐旱、耐盐碱或耐水湿等不同特性的树种形成的各种类型的森林(天然林和人工林,分布在寒带、温带、亚热带、热带的山区、丘陵、平地,甚至沼泽、海涂滩地)等地方。森林树种是植物界中最高大的植物,由优势乔木构成的林冠层可达十几米、数十米,甚至上百米。我国西藏波密地丽江云杉高达 60~70 m,云南西双版纳地望天树高达 70~80 m。北美红杉和巨杉也都是世界上最高大的树种,能够长到 100 m 以上,而澳大利亚的桉树甚至可高达 150 m。树木的根系发达,深根性树种的主根可深入地下数米至十几米。树木的高大形体在竞争光照条件方面明显占据有利地位,而光照条件在植物种间生存竞争中往往起着决定性作用。因此,在水分、温度条件适于森林生长的地方,乔木在与其他植物的竞争过程中常占优势。此外,由于森林生态系统具有高大的林冠层和较深的根系层,因此它们对林内小气候和土壤条件的影响均大于其他生态系统,并且还明显地影响着森林周围地区的小气候和水文情况。树木为多年生植物,寿命较长。有的树种寿命很长,如我国西藏巨柏其年龄已达 2200 多年,山西晋祠的周柏和河南嵩山的周柏,据考证已活 3000 年以上,台湾阿里山的红桧和山东莒县的大银杏也有 3000 年以上的高龄。北美的红杉寿命更长,已达 7800 多年。但世界上有记录的寿命最长的树木,要数非洲加纳利群岛上的龙血树,它曾活在世上 8000 多年。森林树种的长寿性使森林生态系统较为稳定,并对环境产生长期而稳定的影响。

2. 湿地与生物多样性保护

"湿地"一词最早出现在 1956 年,由美国联邦政府开展湿地清查时首先提出。由加拿大、澳大利亚等 36 个国家在伊朗小镇拉姆萨尔签署了《关于特别是作为水禽栖息地的国际重要湿地公约》(简称《湿地公约》),《湿地公约》把湿地定义为"湿地是指不问其为天然或人工、长久或暂时的沼泽地、泥炭地或水域地带,带有静止或流动的淡水、半咸水或咸水水体,包括低潮时水深不超过 6 m 的水域"。按照这个定义,湿地包括沼泽、泥炭地、湿草甸、湖泊、河流、滞蓄洪区、河口三角洲、滩涂、水库、池塘、水稻田,以及低潮时水深浅于 6 m 的海域地带等。目前,全球湿地面积约有 570 万 km²,约占地球陆地面积的 6%。其中,湖泊占 2%,泥塘占 30%,泥沼占 26%,沼泽占 20%,洪泛平原约占 15%。

湿地覆盖地球表面仅为 6%,却为地球上 20% 已知物种提供了生存环境。湿地复杂多样的植物群落,为野生动物尤其是一些珍稀或濒危野生动物提供了良好的栖息地,是鸟类、两栖类动物的繁殖、栖息、迁徙、越冬的场所。例如,象征吉祥和长寿的濒危鸟类—丹顶鹤,在从俄罗斯远东迁徙至我国江苏盐城国际重要湿地的 2 000 km 的途中,要花费约 1 个月的时间,在沿途 25 块湿地停歇和觅食,如果这些湿地遭受破坏,将给像丹顶鹤这样迁徙的濒危鸟类带来致命的威胁。湿地水草丛生特殊的自然环境,虽不是哺乳动物种群的理想家园,却能为各种鸟类提供丰富的食物来源和营巢、避敌的良好条件。可以说,保存完好的自然湿地,能使许多野生生物能够在不受干扰的情况下生存和繁衍,完成其生命周期,由此保存了许多物种的基因特性。

我国是世界上湿地资源丰富的国家之一,湿地资源占世界总量的 10%,居世界第四位,亚洲第一位。《湿地公约》划分的 40 类湿地,我国均有分布,是全球湿地类型最丰富的国家。根据我国湿地资源的现状以及《湿地公约》对湿地的分类系统,我国湿地共分为五大类,即四大类自然湿地和一大类人工湿地。自然湿地包括海滨湿地、河流湿地、湖泊湿地和沼泽湿地,人工湿地包括水稻田、水产池塘、水塘、灌溉地,以及农用洪泛湿地、蓄水区、运河、排水渠、地下输水系统等。

3. 与外来物种入侵

我国每年林业有害生物发生面积 1 067 万 hm² 左右,外来入侵的约 280 万 hm²,占 26%。外来有害植物中的紫茎泽兰、飞机草、薇甘菊、加拿大一枝黄花在我国发生面积逐年扩大,目前已达 553 多万 hm²。

外来林业有害生物对生态安全构成极大威胁。外来入侵种通过竞争或占据本地物种生态位,排挤本地物种的生存,甚至分泌释放化学物质,抑制其他物种生长,使当地物种的种类和数量减少,不仅造成巨大的经济损失,更对生物多样性、生态安全和林业建设构成了极大威胁。近年来，随着国际和国内贸易频繁，外来入侵生物的扩散蔓延速度加剧。

（三）加强林业生物安全保护的对策

1. 加强保护森林生物多样性

根据森林生态学原理，在充分考虑物种的生存环境的前提下，用人工促进的方法保护森林生物多样性。一是强化林地管理。林地是森林生物多样性的载体，在统筹规划不同土地利用形式的基础上，要确保林业用地不受侵占及毁坏。林地用于绿化造林，采伐后及时更新，保证有林地占林业用地的足够份额。在荒山荒地造林时，贯彻适地适树营造针阔混交林的原则，增加森林的生物多样性。二是科学分类经营。实施可持续林业经营管理对森林实施科学分类经营，按不同森林功能和作用采取不同的经营手段，为森林生物多样性保护提供了新的途径。三是加强自然保护区的建设。对受威胁的森林动植物实施就地保护和迁地保护策略，保护森林生物多样性。建立自然保护区有利于保护生态系统的完整性，从而保护森林生物多样性。目前，还存在保护区面积比例不足，分布不合理，用于保护的经费及技术明显不足等问题。四是建立物种的基因库。这是保护遗传多样性的重要途径，同时信息系统是生物多样性保护的重要组成部分。因此，尽快建立先进的基因数据库，并根据物种存在的规模、生态环境、地理位置建立不同地区适合生物进化、生存和繁衍的基因局域保护网，最终形成全球性基金保护网，实现共同保护的目的。也可建立生境走廊，把相互隔离的不同地区的生境连接起来构成保护网、种子库等[11]。

2. 防控外来有害生物入侵蔓延

一是加快法制进程，实现依法管理。建立完善的法律体系是有效防控外来物种的首要任务。要修正立法目的，制定防控生物入侵的专门性法律，要从国家战略的高度对现有法律法规体系进行全面评估，并在此基础上通过专门性立法来扩大调整范围，对管理的对象、权利与责任等问题做出明确规定。要建立和完善外来物种管理过程中的责任追究机制，做到有权必有责、用权受监督、侵权要赔偿。二是加强机构和体制建设，促进各职能部门行动协调。外来入侵物种的管理是政府一项长期的任务，涉及多个环节和诸多部门,应实行统一监督管理与部门分工负责相结合,中央监管与地方管理相结合,政府监管与公众监督相结合的原则,进一步明确各部门的权限划分和相应的职责,在检验检疫,农、林、牧、渔、海洋、卫生等多部门之间建立合作协调机制,以共同实现对外来入侵物种的有效管理。三是加强检疫封锁。实践证明,检疫制度是抵御生物入侵的重要手段之一,特别是对于无意引进而言,无疑是一道有效的安全屏障。要进一步完善检验检疫配套法规与标准体系及各项工作制度建设,不断加强信息收集、分析有害生物信息网络,强化疫情意识,加大检疫执法力度,严把国门。在科研工作方面,要强化基础建设,建立控制外来物种技术支持基地;加强检验、监测和检疫处理新技术研究,加强有害生物的生物学、生态学、毒理学研究。四是加强引种管理,防止人为传人。要建立外来有害生物入侵风险的评估方法和评估体系。立引种政策,建立经济制约机制,加强引种后的监管。五是加强教育引导,提高公众防范意识。还要加强国际交流与合作。

3.加强对林业转基因生物的安全监管

随着国内外生物技术的不断创新发展,人们对转基因植物的生物安全性问题也越来越关注。生物安全和风险评估本身是一个进化过程,随着科学的发展,生物安全的概念、风险评估的内容、风险的大小以及人们所能接受的能力都将发生变化。与此同时,植物转化技术将不断在转化效率和精确度等方面得到改进。因此,在利用转基因技术对树木进行改造的同时,我们要处理好各方面的关系。一方面应该采取积极的态度去开展转基因林木的研究;另一方面要加强转基因林木生态安全性的评价和监控,降低其可能对生态环境造成的风险,使转基因林木扬长避短,开创更广阔的应用前景。

三、现代林业与人居生态质量

(一)现代人居生态环境问题

城市化的发展和生活方式的改变在为人们提供各种便利的同时,也给人类健康带来了新的挑战。在中国的许多城市,各种身体疾病和心理疾病,正在成为人类健康的"隐形杀手"。

1. 空气污染

我们周围空气质量与我们的健康和寿命紧密相关。据统计,中国每年空气污染导致 1 500 万人患支气管病,有 200 万人死于癌症,而重污染地区死于肺癌的人数比空气良好的地区高 4.7 ~ 8.8 倍。

2. 土壤、水污染

现在,许多城市郊区的环境污染已经深入到土壤、地下水,达到了即使控制污染源,短期内也难以修复的程度。调查显示:珠江三角洲几个城市近 40% 的农田菜地土壤重金属污染超标,其中 10% 属严重超标,而汞、镍污染最严重,在这些土壤里生长的蔬菜、大米等作物,重金属残留情况不容忽视。

3. 灰色建筑、光污染

夏季阳光强烈照射时,城市里的玻璃幕墙、釉面砖墙、磨光大理石和各种涂层反射线会干扰视线,损害视力。长期生活在这种视觉空间里,人的生理、心理都会受到很大影响。

4. 紫外线、环境污染

强光照在夏季时会对人体有灼伤作用,而且辐射强烈,使周围环境温度增高,影响人们的户外活动。同时城市空气污染物含量高,对人体皮肤也十分有害。

5. 噪声污染

城市现代化工业生产、交通运输、城市建设造成环境噪声的污染也日趋严重,已成城市环境的一大公害。

6. 心理疾病

很多城市的现代化建筑不断增加,人们工作生活节奏不断加快,而自然的东西越来越少,接触自然成为偶尔为之的奢望,这是造成很多人心理疾病的重要因素城市灾害。城市建筑集中,人口密集,发生地震、火灾等重大灾害时,把人群快速疏散到安全地带,对于减轻灾害造成的人员伤亡非常重要。

(二)人居森林和湿地的功能

1. 城市森林的功能

发展城市森林、推进身边增绿是建设生态文明城市的必然要求,是实现城市经济社会科学发展的基础保障,是提升城市居民生活品质的有效途径,是建设现代林业的重要内容。国内外经验表明,一个城市只有具备良好的森林生态系统,使森林和城市融为一体,高大乔木绿色葱茏,各类建筑错落有致,自然美和人文美交相辉映,人与自然和谐相处,才能称得上是发达的、文明的现代化城市。当前,我国许多城市,特别是工业城市和生态脆弱地区城市,生态承载力低已经成为制约经济社会科学发展的瓶颈。在城市化进程不断加快、城市生态面临巨大压力的今天,通过大力发展城市森林,为城市经济社会科学发展提供更广阔的空间,显得越来越重要、越来越迫切。近年来,许多国家都在开展"人居森林"和"城市林业"的研究和尝试。事实证明,几乎没有一座清洁优美的城市不是靠森林起家的。比如奥地利首都维也纳,市区内外到处是森林和绿地,因此被誉为茫茫绿海中的"岛屿"。此外,日本的东京、法国的巴黎、英国的伦敦,森林覆盖率均为30%左右。城市森林是城市生态系统中具有自净功能的重要组成部分,在调节生态平衡、改善环境质量以及美化景观等方面具有极其重要的作用。从生态、经济和社会3个方面阐述城市森林为人类带来的效益。

净化空气,维持碳氧平衡。城市森林对空气的净化作用,主要表现在能杀灭空气中分布的细菌,吸滞烟灰粉尘,稀释、分解、吸收和固定大气中的有毒有害物质,再通过光合作用形成有机物质。绿色植物能扩大空气负氧离子量,城市林带中空气负氧离子的含量是城市房间里的 200~400 倍。据测定,城市中一般场所的空气负氧离子含量是 1 000~3 000 个/cm^3,多的可达 10 000~60 000 个/cm^3,在城市污染较严重的地方,空气负离子的浓度只有 40~100 个/cm^3。王洪俊的研究表明,以乔灌草结构的复层林中空气负离子水平最高,空气质量最佳,空气清洁度等级最高,而草坪的各项指标最低,说明高大乔木对提高空气质量起主导作用。城市森林能有效改善市区内的碳氧平衡。植物通过光合作用吸收 CO_2 释放 O_2,在城市低空范围内从总量上调节和改善城区碳氧平衡状况,缓解或消除局部缺氧,改善局部地区空气质量。

调节和改善城市小气候,增加湿度,减弱噪声。城市近自然森林对整个城市的降水、湿度、气温、气流都有一定的影响,能调节城市小气候。城市地区及其下风侧的年降水总量比农村地区偏高 5%~15%。其中雷暴雨增加

10% ~15%；城市年平均相对湿度都比郊区低5% ~10%。林草能缓和阳光的热辐射，使酷热的天气降温、失燥，给人以舒适的感觉。据测定，夏季乔灌草结构的绿地气温比非绿地低4.8℃，空气湿度可以增加10% ~20%。林区同期的3种温度的平均值及年较差都低于市区；四季长度比市区的秋、冬季各长1候，夏季短2候。城市森林对近地层大气有补湿功能。林区的年均蒸发量比市区低19%，其中，差值以秋季最大（25%），春季最小（16%）；年均降水量则林区略多4%，又以冬季为最多（10%）。树木增加的空气湿度相当于相同面积水面的10倍。植物通过叶片大量蒸腾水分而消耗城市中的辐射热，并通过树木枝叶形成的浓荫阻挡太阳的直接辐射热和来自路面、墙面和相邻物体的反射热产生降温增湿效益，对缓解城市热岛效应具有重要意义。此外，城市森林可减弱噪音。据测定，绿化林带可以吸收声音的26%，绿化的街道比不绿化的可以降低噪声8 ~10 dB。

涵养水源、防风固沙。树木和草地对保持水土有非常显著的功能。据试验，在坡度为30°、降雨强度为200 mm/h的暴雨条件下，当草坪植物的盖度分别为100%、91%、60%和31%时，土壤的侵蚀分别为0、11%、49%和100%。据北京市园林局测定，1 hm² 树木可蓄水30万t。北京城外平原区与中心区相比，降水减少了4.6%，但城外地下径流量比城中心增加了2.5倍，保水率增加了36%。伦敦城区降水量比城外增加了2%，城外地下径流量比城内增加了3.43倍，保水率增加了22%。

维护生物物种的多样性。城市森林的建设可以提高初级生产者（树木）的产量，保持食物链的平衡，同时为兽类、昆虫和鸟类提供栖息场所，使城市中的生物种类和数量增加，保持生态系统的平衡，维护和增加生物物种的多样性。

城市森林带来的社会效益。城市森林社会效益是指森林为人类社会提供的除经济效益和生态效益之外的其他一切效益，包括对人类身心健康的促进、对人类社会结构的改进以及对人类社会精神文明状态的改进。美国一些研究者认为，森林社会效益的构成因素包括：精神和文化价值、游憩、游戏和教育机会，对森林资源的接近程度，国有林经营和决策中公众的参与，人类健康和安全，文化价值等。城市森林的社会效益表现在美化市容，为居民提供游憩场所。以乔木为主的乔灌木结合的"绿道"系统，能够提供良好的遮阴与湿度适中的小环境,减少酷暑行人曝晒的痛苦。城市森林有助于市民绿色意识的形成。城市森林还具有一定的医疗保健作用。城市森林建设的启动,除了可以提供大量绿化施工岗位外,还可以带动苗木培育、绿化养护等相关产业的发展,为社会提供大量新的就业岗位。河北省森林在促进社会就业上就取得了18.64亿元的效益[12]。城市森林为市民带来一定的精神享受,让人们在城市的绿色中减轻或缓解生活的压力,能激发人们的艺术与创作灵感。城市森林能美化市容,提升城市的地位。

2. 湿地在改善人居方面的功能

湿地与人类的生存、繁衍、发展息息相关,是自然界最富生物多样性的生态系统和人类最主要的生存环境之一,它不仅为人类的生产、生活提供多种资源,而且具有巨大的环境功能和效益,在抵御洪水、调节径流、蓄洪防旱、降解污染、调节气候、控制土壤侵蚀、促淤造陆、美化环境等方面有其他系统不可替代的作用。湿地被誉为"地球之肾"和"生命之源"。由于湿地具有独特的生态环境和经济功能,同森林——"地球之肺"有着同等重要的地位和作用,是国家生态安全的重要组成部分,湿地的保护必然成为全国生态建设的重要任务。湿地的生态服务价值居全球各类生态系统之首,不仅能储藏大量淡水(据国家林业和草原局的统计,我国湿地维持着2.7万亿t淡水,占全国可利用淡水资源总量的96%,为名副其实的最大淡水储存库),还具有独一无二的净化水质功能,且其成本极其低廉(人工湿地工程基建费用为传统二级生活性污泥法处理工艺的1/2～1/3),运行成本亦极低,为其他方法的1/6～1/10。因此,湿地对地球生态环境保护及人类和谐持续发展具有极为重要的作用。

物质生产功能。湿地具有强大的物质生产功能,它蕴藏着丰富的动植物资源。七里海沼泽湿地是天津沿海地区的重要饵料基地和初级生产力来源。

大气组分调节功能。湿地内丰富的植物群落能够吸收大量的CO_2放出。湿地中的一些植物还具有吸收空气中有害气体的功能,能有效调节大气组分。但同时也必须注意到,湿地生境也会排放出甲烷、氨气等温室气体。沼泽有很大的生物生产效能,植物在有机质形成过程中,不断吸收CO_2和其他气体,特别是一些有害的气体。沼泽地上的。很少消耗于死亡植物残体的分解。沼泽还能吸收空气中的粉尘及携带的各种菌,从而起到净化空气的作用。另外,沼泽堆积物具有很大的吸附能力,污水或含重金属的工业废水,通过沼泽能吸附金属离子和有害成分。

水分调节功能。湿地在时空上可分配不均的降水,通过湿地的吞吐调节,避免水旱灾害。七里海湿地是天津滨海平原重要的蓄滞洪区,安全蓄洪深度 3.5~4 m。沼泽湿地具有湿润气候、净化环境的功能,是生态系统的重要组成部分。其大部分发育在负地貌类型中,长期积水,生长了茂密的植物,其下根茎交织,残体堆积。据实验研究,每公顷的沼泽在生长季节可蒸发掉 7 415 t 水分,可见其调节气候的巨大功能。

净化功能。一些湿地植物能有效地吸收水中的有毒物质,净化水质,如氮、磷、钾及其他一些有机物质,通过复杂的物理、化学变化被生物体储存起来,或者通过生物的转移(如收割植物、捕鱼等)等途径,永久地脱离湿地,参与更大范围的循环。沼泽湿地中有相当一部分的水生植物,包括挺水性、浮水性和沉水性的植物,具有很强的清除毒物的能力,是毒物的克星。正因为如此,人们常常利用湿地植物的这一生态功能来净化污染物中的病毒,有效地清除了污水中的"毒素",达到净化水质的目的。例如,凤眼莲、香蒲和芦苇等被广泛地用来处理污水,用来吸收污水中浓度很高的重金属镉、铜、锌等。在印度的卡尔库塔市,城内设有一座污水处理场,所有生活污水都排入东郊的人工湿地,其污水处理费用相当低,成为世界性的典范。

提供动物栖息地功能。湿地复杂多样的植物群落,为野生动物尤其是一些珍稀或濒危野生动物提供了良好的栖息地,是鸟类、两栖类动物的繁殖、栖息、迁徙、越冬的场所。沼泽湿地特殊的自然环境虽有利于一些植物的生长,却不是哺乳动物种群的理想家园,只是鸟类能在这里获得特殊的享受。因为水草丛生的沼泽环境为各种鸟类提供了丰富的食物来源和营巢、避敌的良好条件。在湿地内常年栖息和出没的鸟类有天鹅、白鹳、大雁、白鹭、苍鹰、浮鸥、银鸥、燕鸥、苇莺、掠鸟等约 200 种。

调节城市小气候。湿地水分通过蒸发成为水蒸气,然后又以降水的形式降到周围地区,可以保持当地的湿度和降雨量。

能源与航运。湿地能够提供多种能源,水电在中国电力供应中占有重要地位,水能蕴藏占世界第一位,达 6.8 亿 kW 巨大的开发潜力。我国沿海多河口港湾,蕴藏着巨大的潮汐能。从湿地中直接采挖泥炭用于燃烧,湿地中的林草作为薪材,是湿地周边农村中重要的能源来源。另外,湿地有着重要的水运价值,沿海沿江地区经济的快速发展,很大程度上是受惠于此。中国约有 10 万 km 内河航道,内陆水运承担了大约 30% 的货运量。

旅游休闲和美学价值。湿地具有自然观光、旅游、娱乐等美学方面的功能,中国有许多重要的旅游风景区都分布在湿地区域。滨海的沙滩、海水是重要的旅游资源,还有不少湖泊因自然景色壮观秀丽而吸引人们向往,辟为旅游和疗养胜地。滇池、太湖、洱海、杭州西湖等都是著名的风景区,除可创造直接的经济效益外,还具有重要的文化价值。尤其是城市中的水体,在美化环境、调节气候、为居民提供休憩空间方面有着重要的社会效益。湿地生态旅游是在观赏生态环境、领略自然风光的同时,以普及生态、生物及环境知识,保护生态系统及生物多样性为目的的新型旅游,是人与自然的和谐共处,是人对大自然的回归。发展生态湿地旅游能提高公共生态保护意识、促进保护区建设,反过来又能向公众提供赏心悦目的景色,实现保护与开发目标的双赢[13]。

教育和科研价值。复杂的湿地生态系统、丰富的动植物群落、珍贵的濒危物种等,在自然科学教育和研究中都有十分重要的作用,它们为教育和科学研究提供了对象、材料和试验基地。一些湿地中保留着过去和现在的生物、地理等方面演化进程的信息,在研究环境演化、古地理方面有着重要价值。

3.城乡人居森林促进居民健康

科学研究和实践表明,数量充足、配置合理的城乡人居森林可有效促进居民身心健康,并在重大灾害来临时起到保障居民生命安全的重要作用。

清洁空气。有关研究表明,每公顷公园绿地每天能吸收 900 kg 的 CO_2,并生产 600 kg 的 O_2;一棵大树每年可以吸收 225 kg 的大气可吸入颗粒物;处于 SO_2 污染区的植物,其体内含硫量可为正常含量的 5~10 倍。

饮食安全。利用树木、森林对城市地域范围内的受污染土地、水体进行修复,是最为有效的土壤清污手段,建设污染隔离带与已污染土壤片林,不仅可以减轻污染源对城市周边环境的污染,也可以使土壤污染物通过植物的富集作用得到清除,恢复土壤的生产与生态功能。

绿色环境。"绿色视率"理论认为,在人的视野中,绿色达到25%时,就能消除眼睛和心理的疲劳,使人的精神和心理最舒适。林木繁茂的枝叶、庞大的树冠使光照强度大大减弱,减少了强光对人们的不良影响,营造出绿色视觉环境,也会对人的心理产生多种效应,带来许多积极的影响,使人产生满足感、安逸感、活力感和舒适感。

肌肤健康。医学研究证明:森林、树木形成的绿荫能够降低光照强度,并通过有效地截留太阳辐射,改变光质,对人的神经系统有镇静作用,能使人产生舒适和愉快的情绪,防止直射光产生的色素沉着,还可防止荨麻疹、丘疹、水疱等过敏反应。

维持宁静。森林对声波有散射、吸收功能。在公园外侧、道路和工厂区建立缓冲绿带,都有明显减弱或消除噪声的作用。研究表明,密集和较宽的林带(19~30 m)结合松软的土壤表面,可降低噪声50%以上。

自然疗法。森林中含有高浓度的O_2、丰富的空气负离子和植物散发的"芬多精"。到树林中去沐浴"森林浴",置身于充满植物的环境中,可以放松身心,舒缓压力。研究表明,长期生活在城市环境中的人,在森林自然保护区生活1周后,其神经系统、呼吸系统、心血管系统功能都有明显的改善作用,机体非特异免疫能力有所提高,抗病能力增强。

安全绿洲。城市各种绿地对于减轻地震、火灾等重大灾害造成的人员伤亡非常重要,是"安全绿洲"和临时避难场所。

此外,在家里种养一些绿色植物,可以净化室内受污染的空气。以前,我们只是从观赏和美化的作用来看待家庭种养花卉。现在,科学家通过测试发现,家庭的绿色植物对保护家庭生活环境有重要作用,如龙舌兰可以吸收室内70%的苯、50%的甲醛等有毒物质。

我们关注生活、关注健康、关注生命,就要关注我们周边生态环境的改善,关注城市森林建设。遥远的地方有森林、有湿地、有蓝天白云、有瀑布流水、有鸟语花香,但对我们居住的城市毕竟遥不可及,亲身体验机会不多。城市森林、树木以及各种绿色植物对城市污染、对人居环境能够起到不同程度的缓解、改善作用,可以直接为城市所用、为城市居民所用,带给城市居民的是日积月累的好处,与居民的健康息息相关。

第二节 现代林业与生态物质文明

一、现代林业与经济建设

（一）林业推动生态经济发展的理论基础

1. 自然资本理论

自然资本理论为森林对生态经济发展产生巨大作用提供立论根基。生态经济是对 200 多年来传统发展方式的变革，它的一个重要的前提就是自然资本正在成为人类发展的主要因素，自然资本将越来越受到人类的关注，进而影响经济发展。森林资源作为可再生的资源，是重要的自然生产力，它所提供的各种产品和服务将对经济具有较大的促进作用，同时也将变得越来越稀缺。按照著名经济学家赫尔曼 . E. 戴利的观点，用来表明经济系统物质规模大小的最好指标是人类占有光合作用产物的比例，森林作为陆地生态系统中重要的光合作用载体，约占全球光合作用的三分之一，森林的利用对于经济发展具有重要的作用。

2. 生态经济理论

生态经济理论为林业作用于生态经济提供发展方针。首先，生态经济要求将自然资本的新的稀缺性作为经济过程的内生变量，要求提高自然资本的生产率以实现自然资本的节约，这给林业发展的启示是要大力提高林业本身的效率，包括森林的利用效率。其次，生态经济强调好的发展应该是在一定的物质规模情况下的社会福利的增加，森林的利用规模不是越大越好，而是具有相对的一个度，林业生产的规模也不是越大越好，关键看是不是能很合适地嵌入到经济的大循环中。再次，在生态经济关注物质规模一定的情况下，物质分布需要从占有多的向占有少的流动，以达到社会的和谐，林业生产将平衡整个经济发展中的资源利用。

3. 环境经济理论

环境经济理论提高了在生态经济中发挥林业作用的可操作性。环境经济学强调当人类活动排放的废弃物超过环境容量时，为保证环境质量必须投入大量的物化劳动和活劳动。这部分劳动已越来越成为社会生产中的必要劳动,发挥林业在生态经济中的作用越来越成为一种社会认同的事情,其社会和经济可实践性大大增加。环境经济学理论还认为为了保障环境资源的永续利用,也必须改变对环境资源无偿使用的状况,对环境资源进行计量,实行有偿使用,使社会不经济性内在化,使经济活动的环境效应能以经济信息的形式反馈到国民经济计划和核算的体系中,保证经济决策既考虑直接的近期效果,又考虑间接的长远效果。环境经济学为林业在生态经济中的作用的发挥提供了方法上的指导,具有较强的实践意义。

4. 循环经济理论

循环经济的"3R"原则为林业发挥作用提供了具体目标。"减量化、再利用和资源化"是循环经济理论的核心原则,具有清晰明了的理论路线,这为林业贯彻生态经济发展方针提供了具体、可行的目标。首先,林业自身是贯彻"3R"原则的主体,林业是传统经济中的重要部门,为国民经济和人民生活提供丰富的木材和非木质林产品,为造纸、建筑和装饰装潢、煤炭、车船制造、化工、食品、医药等行业提供重要的原材料,林业本身要建立循环经济体,贯彻好"3R"原则。其次,林业促进其他产业乃至整个经济系统实现"3R",森林具有固碳制氧、涵养水源、保持水土、防风固沙等生态功能,为人类的生产生活提供必需的吸收 O_2,吸收 CO_2,净化经济活动中产生的废弃物,在减缓地球温室效应、维护国土生态安全的同时,也为农业、水利、水电、旅游等国民经济部门提供着不可或缺的生态产品和服务,是循环经济发展的重要载体和推动力量,促进了整个生态经济系统实现循环经济。

(二)现代林业促进经济排放减量化

1. 林业自身排放的减量化

林业本身是生态经济体,排放到环境中的废弃物少。以森林资源为经营对象的林业第一产业是典型的生态经济体,木材的采伐剩余物可以留在森林,通过微生物的作用降解为腐殖质,重新参与到生物地球化学循环中。随着生物肥料、生物药剂的使用,初级非木质林产品生产过程中几乎不会产生对环境具有破坏作用的废弃物。林产品加工企业也是减量化排放的实践者,通过技术改革,完全可以实现木竹材的全利用,对林木的全树利用和多功能、多效益的循环高效利用,实现对自然环境排放的最小化。例如,竹材加工中竹竿可进行拉丝,梢头可以用于编织,竹下端可用于烧炭,实现了全竹利用;林浆纸一体化循环发展模式促使原本分离的林、浆、纸3个环节整合在一起,让造纸业负担起造林业的责任,自己解决木材原料的问题,发展生态造纸,形成以纸养林,以林促纸的生产格局,促进造纸企业永续经营和造纸工业的可持续发展。

2. 林业促进废弃物的减量化

森林吸收其他经济部门排放的废弃物,使生态环境得到保护。发挥森林对水资源的涵养、调节气候等功能,为水电、水利、旅游等事业发展创造条件,实现森林和水资源的高效循环利用,减少和预防自然灾害,加快生态农业、生态旅游等事业的发展。林区功能型生态经济模式有林草模式、林药模式、林牧模式、林菌模式、林禽模式等。森林本身具有生态效益,对其他产业产生的废气、废水、废弃物具有吸附、净化和降解作用,是天然的过滤器和转化器,能将有害气体转化为新的可利用的物质,如对 SO_2、碳氢化合物、氟化物,可通过林地微生物、树木的吸收,削减其危害程度。

林业促进其他部门减量化排放。森林替代其他材料的使用,减少了资源的消耗和环境的破坏。森林资源是一种可再生的自然资源,可以持续性地提供木材,木材等森林资源的加工利用能耗小,对环境的污染也较轻,是理想的绿色材料。木材具有可再生、可降解、可循环利用、绿色环保的独特优势,与钢材、水泥和塑料并称四大材料,木材的可降解性减少了对环境的破坏。另外,森林是一种十分重要的生物质能源,就其能源当量而言,是仅次于煤、石油、天然气的第四大能源。森林以其占陆地生物物种50%以上和生物质总量70%以上的优势而成为各国新能源开发的重点。我国生物质能资源丰富,现有木本油料林总面积超过 400 万 hm^2,种子含油量在40%以上的植物有154种,每年可用于发展生物质能源的生物量为3亿t左右,折合标准煤约2亿t。利用现有林地,还可培育能源林 1 333.3 万 hm^2,每年可提供生物柴油500多万t。大力开发利用生物质能源,有利于减少煤炭资源过度开采,对于弥补石油和天然气资源短缺、增能源总量、调整能源结构、缓解能源供应压力、保障能源安全有显著作用。

森林发挥生态效益,在促进能源节约中发挥着显著作用。森林和湿地由于能够降低城市热岛效应,从而能够减少城市在夏季由于空调而产生的电力消耗。由于城市热岛增温效应加剧城市的酷热程度,致使夏季用于降温的空调消耗电能大大增加。

(三)现代林业促进产品的再利用

1. 森林资源的再利用

森林资源本身可以循环利用。森林是物质循环和能量交换系统,森林可以持续地提供生态服务。森林通过合理地经营,能够源源不断地提供木质和非木质产品。木材采掘业的循环过程为"培育—经营—利用—再培育",林地资源通过合理的抚育措施,可以保持生产力,经过多个轮伐期后仍然具有较强的地力。关键是确定合理的轮伐期,自法正林理论诞生开始,人类一直在探索循环利用森林,至今我国规定的采伐限额制度也是为了维护森林的可持续利用;在非木质林产品生产上也可以持续产出。森林的旅游效益也可以持续发挥,而且由于森林的林龄增加,旅游价值也持续增加,所蕴含的森林文化也在不断积淀的基础上更新发展,使森林资源成为一个从物质到文化、从生态到经济均可以持续再利用的生态产品。

2. 林产品的再利用

森林资源生产的产品都易于回收和循环利用,大多数的林产品可以持续利用。在现代人类的生产生活中,以森林为主的材料占相当大的比例,主要有原木、锯材、木制品、人造板和家具等以木材为原料的加工品、松香和橡胶及纸浆等林化产品。这些产品在技术可能的情况下都可以实现重复利用,而且重复利用期相对较长,这体现在二手家具市场发展、旧木材的利用、橡胶轮胎的回收利用等。

3. 林业促进其他产品的再利用

森林和湿地促进了其他资源的重复利用。森林具有净化水质的作用,水经过森林的过滤可以再被利用;森林具有净化空气的作用,空气经过净化可以重复变成新鲜空气;森林还具有保持水土的功能,对农田进行有效保护,使农田能够保持生产力;对矿山、河流、道路等也同时存在保护作用,使这些资源能够持续利用。湿地具有强大的降解污染功能,维持着96%的可用淡水资源。以其复杂而微妙的物理、化学和生物方式发挥着自然净化器的作用。湿地对所流入的污染物进行过滤、沉积、分解和吸附,实现污水净化,据测算,每公顷湿地每天可净化 400 t 污水,全国湿地可净化水量 154 亿 t,相当于 38.5 万个日处理 4 万 t 级的大型污水处理厂的净化规模。

二、现代林业与粮食安全

(一)林业保障粮食生产的生态条件

森林是农业的生态屏障,林茂才能粮丰。森林通过调节气候、保持水土、增加生物多样性等生态功能,可有效改善农业生态环境,增强农牧业抵御干旱、风沙、干热风、台风、冰雹、霜冻等自然灾害的能力,促进高产稳产。实践证明,加强农田防护林建设,是改善农业生产条件,保护基本农田,巩固和提高农业综合生产能力的基础[14]。在我国,特别是北方地区,自然灾害严重。建立农田防护林体系,包括林网、经济林、四旁绿化和一定数量的生态片林,能有效地保证农业稳产高产。由于林木根系分布在土壤深层,不与地表的农作物争肥,并为农田防风保湿,调节局部气候,加之林中的枯枝落叶及林下微生物的理化作用,能改善土壤结构,促进土壤熟化,从而增强土壤自身的增肥功能和农田持续生产的潜力。据实验观测,农田防护林能使粮食平均增产 15% ~ 20%。在山地、丘陵的中上部保留发育良好的生态林,对于山下部的农田增产也会起到促进作用。此外,森林对保护草场、保障畜牧业、渔业发展也有积极影响。

相反,森林毁坏会导致沙漠化,恶化人类粮食生产的生态条件。100 多年前,恩格斯在《自然辩证法》中深刻地指出,"我们不要过分陶醉于我们对自然界的胜利。对于每一次这样的胜利,自然界都报复了我们。……美索不达米亚、希腊、小亚细亚以及其他各地的居民为了想得到耕地,把森林都砍完了,但是他们梦想不到,这些地方今天竟因此成为荒芜不毛之地,因为他们使这些地方失去了森林,也失去了积聚和贮存水分的中心。阿尔卑斯山的意大利人,在山南坡砍光了在北坡被十分细心保护的松林。他们没有预料到,这样一来他们把他们区域里的高山畜牧业的基础给摧毁了;他们更没有预料到,他们这样做,竟使山泉在一年中的大部分时间内枯竭了,而在雨季又使更加凶猛的洪水倾泻到平原上。"这种因森林破坏而导致粮食安全受到威胁的情况,在中国也一样。由于森林资源的严重破坏,中国西部及黄河中游地区水土流失、洪水、干旱和荒漠化灾害频繁发生,农业发展也受到极大制约。

(二)林业直接提供森林食品和牲畜饲料

林业可以直接生产木本粮油、食用菌等森林食品,还可为畜牧业提供饲料。中国的2.87亿 hm² 林地可为粮食安全做出直接贡献。经济林中相当一部分属于木本粮油、森林食品,发展经济林大有可为。经济林是我国五大林种之一,也是经济效益和生态效益结合得最好的林种。按《森林法》规定,"经济林是指以生产果品、食用油料、饮料、调料、工业原料和药材等为主要目的的林木"。我国适生的经济林树种繁多,达1 000多种,主栽的树种有30多个,每个树种的品种多达几十个甚至上百个。经济林已成为我国农村经济中一项短平快、效益高、潜力大的新型主导产业。我国经济林发展速度迅猛。

第三节 现代林业与生态精神文明

一、现代林业与生态教育

(一)森林和湿地生态系统的实践教育作用

森林生态系统是陆地上覆盖面积最大、结构最复杂、生物多样性最丰富、功能最强大的自然生态系统,在维护自然生态平衡和国土安全中处于其他任何生态系统都无可替代的主体地位。健康完善的森林生态系统是国家生态安全体系的重要组成部分,也是实现经济与社会可持续发展的物质基础。人类离不开森林,森林本身就是一座内容丰富的知识宝库,是人们充实生态知识、探索动植物王国奥秘、了解人与自然关系的最佳场所。森林文化是人类文明的重要内容,是人类在社会历史过程中用智慧和劳动创造的森林物质财富和精神财富综合的结晶。森林、树木、花草会分泌香气,其景观具有季相变化,还能形成色彩斑斓的奇趣现象,是人们休闲游憩、健身养生、卫生保健、科普教育、文化娱乐的场所,让人们体验"回归自然"的无穷乐趣和美好享受,这就形成了独具特色的森林文化。

湿地是重要的自然资源,具有保持水源、净化水质、蓄洪防旱、调节气候、促游造陆、减少沙尘暴等巨大生态功能,也是生物多样性富集的地区之一,保护了许多珍稀濒危野生动植物物种。湿地不仅仅是我们传统认识上的沼泽、泥炭地、滩涂等,还包括河流、湖泊、水库、稻田以及退潮时水深不超过 6 m 的海域。湿地不仅为人类提供大量食物、原料和水资源,而且在维持生态平衡、保持生物多样性以及蓄洪防旱、降解污染等方面起到重要作用。

因此,在开展生态文明观教育的过程中,要以森林、湿地生态系统为教材,把森林、野生动植物、湿地和生物多样性保护作为开展生态文明观教育的重点,通过教育让人们感受到自然的美。自然美作为非人类加工和创造的自然事物之美的总和,它给人类提供了美的物质素材。生态美学是一种人与自然和社会达到动态平衡、和谐一致的处于生态审美状态的崭新的生态存在论美学观。这是一种理想的审美的人生,一种"绿色的人生",是对人类当下"非美的"生存状态的一种批判和警醒,更是对人类永久发展、世代美好生存的深切关怀,也是对人类得以美好生存的自然家园的重建。生态审美教育对于协调人与自然、社会起着重要的作用。

通过这种实实在在的实地教育,会给受教育者带来完全不同于书本学习的感受,加深其对自然的印象,增进与大自然之间的感情,必然会更有效地促进人与自然和谐相处。森林与湿地系统的教育功能至少能给人们的生态价值观、生态平衡观、自然资源观带来全新的概念和内容。

生态价值观要求人类把生态问题作为一个价值问题来思考,不能仅认为自然界对于人类来说只有资源价值、科研价值和审美价值,而且还有重要的生态价值。所谓生态价值是指各种自然物在生态系统中都占有一定的"生态位",对于生态平衡的形成、发展、维护都具有不可替代的功能作用。它是不以人的意志为转移的,它不依赖人类的评价,不管人类存在不存在,也不管人类的态度和偏好,它都是存在的。毕竟在人类出现之前,自然生态就已存在了。生态价值观要求人类承认自然的生态价值、尊重生态规律,不能以追求自己的利益作为唯一的出发点和动力,不能总认为自然资源是无限的、无价的和无主的,人们可以任意地享用而不对它承担任何责任,而应当视其为人类的最高价值或最重要的价值。人类作为自然生态的管理者,作为自然生态进化的引导者,义不容辞地具有维护、发展、繁荣、更新和美化地球生态系统的责任。它"是从更全面更长远的意义上深化了自然与人关系的理解"。正如马克思曾经说过的,自然环境不再只是人的手段和工具,而是作为人的无机身体成为主体的一部分,成为人的活动的目的性内容本身。应该说,"生态价值"的形成和提出,是人类对自己与自然生态关系认识的一个质的飞跃,是人类极其重要的思想成果之一。

在生态平衡观看来,包括人在内的动物、植物甚至无机物,都是生态系统里平等的一员,它们各自有着平等的生态地位,每一生态成员各自在质上的优劣、在量上的多寡,都对生态平衡起着不可或缺的作用。今天,虽然人类已经具有了无与伦比的力量优势,但在自然之网中,人与自然的关系不是敌对的征服与被征服的关系,而是互惠互利、共生共荣的友善平等关系。自然界的一切对人类社会生活有益的存在物,如山川草木、飞禽走兽、大地河流、空气、物蓄矿产等,都是维护人类"生命圈"的朋友。我们应当从小对中小学生培养具有热爱大自然、以自然为友的生态平衡观,此外也应在最大范围内对全社会进行自然教育,使我国的林业得到更充分的发展与保护。

自然资源观包括永续利用观和资源稀缺观两个方面,充分体现着代内道德和代际道德问题。自然资源的永续利用是当今人类社会很多重大问题的关键所在,对可再生资源,要求人们在开发时,必须使后续时段中资源的数量和质量至少要达到目前的水平,从而理解可再生资源的保护、促进再生、如何充分利用等问题;而对于不可再生资源,永续利用则要求人们在耗尽它们之前,必须能找到替代他们的新资源,否则,我们的子孙后代的发展权利将会就此被剥夺。自然资源稀缺观有4个方面:①自然资源自然性稀缺。我国主要资源的人均占有量大大低于世界平均水平。②低效率性稀缺。资源使用效率低,浪费现象严重,一加剧了资源供给的稀缺性。③科技与管理落后性稀缺。科技与管理水平低,导致在资源开发中的巨大浪费。④发展性稀缺。我国在经济持续高速发展的同时,也付出了资源的高昂代价,加剧了自然资源紧张、短缺的矛盾。

(二)生态基础知识的宣传教育作用

改善生态环境,促进人与自然的协调与和谐,努力开创生产发展、生活富裕和生态良好的文明发展道路,既是中国实现可持续发展的重大使命,也是新时期林业建设的重要任务。中央林业决定明确指出,在可持续发展中要赋予林业以重要地位,在生态建设中要赋予林业以首要地位,在西部大开发中要赋予林业以基础地位。随着国家可持续发展战略和西部大开发战略的实施,我国林业进入了一个可持续发展理论指导的新阶段。凡此种种,无不阐明了现代林业之于和谐社会建设的重要性。有鉴于此,我们必须做好相关生态知识的科普宣传工作,通过各种渠道的宣传教育,增强民族的生态意识,激发人民的生态热情,更好地促进我国生态文明建设的进展。

生态建设、生态安全、生态文明是建设山川秀美的生态文明社会的核心。生态建设是生态安全的基础,生态安全是生态文明的保障,生态文明是生态建设所追求的最终目标。生态建设,即确立以生态建设为主的林业可持续发展道路,在生态优先的前提下,坚持森林可持续经营的理念,充分发挥林业的生态、经济、社会三大效益,正确认识和处理林业与农业、牧业、水利、气象等国民经济相关部门协调发展的关系,正确认识和处理资源保护与发展、培育与利用的关系,实现可再生资源的多目标经营与可持续利用。生态安全是国家安全的重要组成部分,是维系一个国家经济社会可持续发展的基础。生态文明是可持续发展的重要标志。建立生态文明社会,就是要按照以人为本的发展观、不侵害后代人生存发展权的道德观、人与自然和谐相处的价值观,指导林业建设,弘扬森林文化,改善生态环境,实现山川秀美,推进我国物质文明和精神文明建设,使人们在思想观念、科学教育、文学艺术、人文关怀诸方面都产生新的变化,在生产方式、消费方式、生活方式等各方面构建生态文明的社会形态。

人类只有一个地球,地球生态系统的承受能力是有限的。人与自然不仅具有斗争性,而且具有同一性,必须树立人与自然和谐相处的观念。我们应该对全社会大力进行生态教育,要教导全社会尊重与爱护自然,培养公民自觉、自律意识与平等观念,顺应生态规律,倡导可持续发展的生产方式、健康的生活消费方式,建立科学合理的幸福观。幸福的获得离不开良好生态环境,只有在良好生态环境中人们才能生活得幸福,所以要扩大道德的适用范围,把道德诉求扩展至人类与自然生物和自然环境的方方面面,强调生态伦理道德。生态道德教育是提高全民族的生态道德素质、生态道德意识、建设生态文明的精神依托和道德基础[15]。只有大力培养全民族的生态道德意识,使人们对生态环境的保护转为自觉的行动,才能解决生态保护的根本问题,才能为生态文明的发展奠定坚实的基础。在强调可持续发展的今天,对于生态文明教育来说,这个内容是必不可少的。深入推进生态文化体系建设,强化全社会的生态文明观念:一要大力加强宣传教育。深化理论研究,创作一批有影响力的生态文化产品,全面深化对建设生态文明重大意义的认识。要把生态教育作为全民教育、全程教育、终身教育、基础教育的重要内容,尤其要增强领导干部的生态文明观念和未成年人的生态道德教育,使生态文明观深入人心。二要巩固和拓展生态文化阵地。加强生态文化基础设施建设,充分发挥森林公园、湿地公园、自然保护区、各种纪念林、古树名木在生态文明建设中的传播、教育功能,建设一批生态文明教育示范基地。拓展生态文化传播渠道,推进"国树""国花""国鸟"评选工作,大力宣传和评选代表各地特色的树、花、鸟,继续开展"国家森林城市"创建活动。三要发挥示范和引领作用。充分发挥林业在建设生态文明中的先锋和骨干作用。全体林业建设者都要做生态文明建设的引导者、组织者、实践者和推动者,在全社会大力倡导生态价值观、生态道德观、生态责任观、生态消费观和生态政绩观。要通过生态文化体系建设,真正发挥生态文明建设主要承担者的作用,真正为全社会牢固树立生态文明观念做出贡献。

通过生态基础知识的教育,能有效地提高全民的生态意识,激发民众爱林、护林的认同感和积极性,从而为生态文明的建设奠定良好基础。

(三)生态科普教育基地的示范作用

当前我国公民的生态环境意识还较差,特别是各级领导干部的生态环境意识还比较薄弱,考察领导干部的政绩时还没有把保护生态的业绩放在主要政绩上。

森林公园、自然保护区、城市动物园、野生动物园、植物园、苗圃和湿地公园等是展示生态建设成就的窗口,也是进行生态科普教育的基地,充分发挥这些园区的教育作用,使其成为开展生态实践的大课堂,对于全民生态环境意识的增强、生态文明观的树立具有突出的作用。森林公园中蕴含着生态保护、生态建设、生态哲学、生态伦理、生态宗教文化等各种生态文化要素,是生态文化体系建设中的精髓。森林蕴含着深厚的文化内涵,森林以其独特的形体美、色彩美、音韵美、结构美,对人们的审美意识起到了潜移默化的作用,形成自然美的主体旋律。森林文化通过森林美学、森林旅游文化、园林文化、花文化、竹文化等展示了其丰富多彩的人文内涵,在给人们增长知识、陶冶情操、丰富精神生活等方面发挥着难以比拟的作用。

《关于进一步加强森林公园生态文化建设的通知》(以下简称为《通知》),《通知》要求各级林业主管部门充分认识森林公园在生态文化建设中的重要作用和巨大潜力,将生态文化建设作为森林公园建设的一项长期的根本性任务抓紧抓实抓好,使森林公园切实担负起建设生态文化的重任,成为发展生态文化的先锋。各地在森林公园规划过程中,要把生态文化建设作为森林公园总体规划的重要内容,根据森林公园的不同特点,明确生态文化建设的主要方向、建设重点和功能布局。同时,森林公园要加强森林(自然)博物馆、标本馆、游客中心、解说步道等生态文化基础设施建设,进一步完善现有生态文化设施的配套设施,不断强化这些设施的科普教育功能,为人们了解森林、认识生态、探索自然提供良好的场所和条件。充分认识、挖掘森林公园内各类自然文化资源的生态、美学、文化、游憩和教育价值。根据资源特点,深入挖掘森林、花、竹、茶、湿地、野生动物、宗教等文化的发展潜力,并将其建设发展为人们乐于接受且富有教育意义的生态文化产品。森林公园可充分利用自身优势,建设一批高标准的生态科普和生态道德教育基地,把森林公园建设成为对未成年人进行生态道德教育的最生动的课堂。

经过不懈努力,以生态科普教育基地(森林公园、自然保护区、城市动物园、野生动物园、植物园、苗圃和湿地公园等)为基础的生态文化建设取得了良好的成效。今后,要进一步完善园区内的科普教育设施,扩大科普教育功能,增加生态建设方面的教育内容,从人们的心理和年龄特点出发,坚持寓教于乐,有针对性地精心组织活动项目,积极开展生动鲜活,知识性、趣味性和参与性强的生态科普教育活动,尤其是要吸引参与植树造林、野外考察、观鸟比赛等活动,或在自然保护区、野生动植物园开展以保护野生动植物为主题的生态实践活动。尤其针对中小学生集体参观要减免门票,有条件的生态园区要免费向青少年开放。

通过对全社会开展生态教育,使全体公民对中国的自然环境、气候条件、动植物资源等基本国情有更深入的了解。一方面,可以激发人们对祖国的热爱之情,树立民族自尊心和自豪感,阐述人与自然和谐相处的道理,认识到国家和地区实施可持续发展战略的重大意义,进一步明确保护生态自然、促进人类与自然和谐发展中所担负的责任,使人们在走向自然的同时,更加热爱自然、热爱生活,进一步培养生态保护意识和科技意识;另一方面,通过展示过度开发和人为破坏所造成的生态危机现状,让人们形成资源枯竭的危机意识,看到差距和不利因素,进而会让人们产生保护生物资源的紧迫感和强烈的社会责任感,自觉遵守和维护国家的相关规定,在全社会形成良好的风气,真正地把生态保护工作落到实处,还社会一片绿色。

二、现代林业与生态文化

(一)森林在生态文化中的重要作用

在生态文化建设中,除了价值观起先导作用外,还有一些重要的方面。森林就是这样一个非常重要的方面。人们把未来的文化称为"绿色文化"或"绿色文明",未来发展要走一条"绿色道路",这就生动地表明,森林在人类未来文化发展中是十分重要的。大家知道,森林是把太阳能转变为地球有效能量,以及这种能量流动和物质循环的总枢纽。地球上人和其他生命都靠植物、主要是森林积累的太阳能生存。森林是地球生态的调节者,是维护大自然生态平衡的枢纽。地球生态系统的物质循环和能量流动,从森林的光合作用开始,最后复归于森林环境。例如,它被称为"地球之肺",吸收大气和土壤中的污染物质,是"天然净化器";每公顷阔叶林每天吸收1 000 kg CO_2,放出730 kgO_2;全球森林每年吸收4 000亿 tCO_2,放出4 000亿 tO_2,是"造氧机"和CO_2,"吸附器",对于地球大气的碳平衡和氧平衡有重大作用;森林又是"天然储水池",平均33 km^2的森林涵养的水,相当于100万水库库容的水;它对保护土壤、防风固沙、保持水土、调节气候等有重大作用。这些价值没有替代物,它作为地球生命保障系统的最重要方面,与人类生存和发展有极为密切的关系。对于人类文化建设,森林的价值是多方面的、重要的,包括:经济价值、生态价值、科学价值、娱乐价值、美学价值、生物多样性价值。

　　无论从生态学(生命保障系统)的角度,还是从经济学(国民经济基础)的角度,森林作为地球上人和其他生物的生命线,是人和生命生存不可缺少的,没有任何代替物,具有最高的价值[16]。森林的问题,是关系地球上人和其他生命生存和发展的大问题。在生态文化建设中,我们要热爱森林,重视森林的价值,提高森林在国民经济中的地位,建设森林,保育森林,使中华大地山常绿、水长流,沿着绿色道路走向美好的未来。

　　(二)现代林业体现生态文化发展内涵

　　生态文化是探讨和解决人与自然之间复杂关系的文化;是基于生态系统、尊重生态规律的文化;是以实现生态系统的多重价值来满足人的多重需要为目的的文化;是渗透于物质文化、制度文化和精神文化之中,体现人与自然和谐相处的生态价值观的文化。生态文化要以自然价值论为指导,建立起符合生态学原理的价值观念、思维模式、经济法则、生活方式和管理体系,实现人与自然的和谐相处及协同发展。生态文化的核心思想是人与自然和谐。现代林业强调人类与森林的和谐发展,强调以森林的多重价值来满足人类的物质、文化需要。林业的发展充分体现了生态文化发展的内涵和价值体系。

　　1.现代林业是传播生态文化和培养生态意识的重要阵地

　　牢固树立生态文明观是建设生态文明的基本要求。大力弘扬生态文化可以引领全社会普及生态科学知识,认识自然规律,树立人与自然和谐的核心价值观,促进社会生产方式、生活方式和消费模式的根本转变;可以强化政府部门科学决策的行为,使政府的决策有利于促进人与自然的和谐;可以推动科学技术不断创新发展,提高资源利用效率,促进生态环境的根本改善。生态文化是弘扬生态文明的先进文化,是建设生态文明的文化基础。林业为社会所创造的丰富的生态产品、物质产品和文化产品,为全民所共享。大力传播人与自然和谐相处的价值观,为全社会牢固树立生态文明观、推动生态文明建设发挥了重要作用。

　　通过自然科学与社会人文科学、自然景观与历史人文景观的有机结合,形成了林业所特有的生态文化体系,它以自然博物馆、森林博览园、野生动物园、森林与湿地国家公园、动植物以及昆虫标本馆等为载体,以强烈的亲和力,丰富的知识性、趣味性和广泛的参与性为特色,寓教于乐、陶冶情操,形成了自然与人文相互交融、历史与现实相得益彰的文化形式。

2.现代林业发展繁荣生态文化

林业是生态文化的主要源泉,是繁荣生态文化、弘扬生态文明的重要阵地。建设生态文明要求在全社会牢固树立生态文明观。森林是人类文明的摇篮,孕育了灿烂悠久、丰富多样的生态文化,如森林文化、花文化、竹文化、茶文化、湿地文化、野生动物文化和生态旅游文化等。这些文化集中反映了人类热爱自然、与自然和谐相处的共同价值观,是弘扬生态文明的先进文化,是建设生态文明的文化基础。大力发展生态文化,可以引领全社会了解生态知识,认识自然规律,树立人与自然和谐的价值观。林业具有突出的文化功能,在推动全社会牢固树立生态文明观念方面发挥着关键作用。

第四章 现代林业生态工程建设与管理

第一节 现代林业生态工程的发展

自我国改革开放以来,随着现代经济的不断发展与变化,推动着当代社会各行各业的全面进步。以现代林业建设行业为例,与以往相比,由于受到经济全球化的作用影响,整体行业在发展过程中为自身制定了全新的方向。现在的林业,在整体建设与发展活动中,将眼光逐渐从"重发展,轻环保"向"追求发展与生态环境保持平衡关系"进行全面转变,借助科学方式将林业生态建设与环境保护的重要价值意识与整体发展过程相结合,为构建良好的林业建设与发展环境奠定基础。但是在实际发展与建设活动中发现,部分地区所开展的相关林业生态工程建设活动,缺乏必要的生态保护与建设意识,在进行林业开发期间,肆意破坏生态环境,对社会环境与自然资源产生了严重的影响。

在实际调查中发现,由于现代工业技术与社会经济的不断发展与变化,当代社会整体生态环境遭受破坏的问题越来越严重,与此同时,社会经济的快速发展,对自然资源的整体需求度也在不断增加,出现了社会资源短缺的问题。基于以上背景,如何通过科学方式,全面加快林业生态工程建设整体发展步伐便显得格外重要。

一、现代化经济发展环境下,我国当代林业生态工程建设的现状分析

(一)工程资金投入力度问题

众所周知,整体发展与建设流程都离不开项目资金的全面支持,只有保障项目建设资金的到位,才能维持整个建设活动的顺利进行,哪怕是林业行业也不例外。

例如,项目建设资金的不足可能会导致整个工程建设流程陷入瘫痪,导致以往原有的林业生态工程建设计划出现"失衡、无法进行"的问题现象,从而出现更多的建设风险影响因素。其中最为常见的便是:"防沙固沙、水土流失以及动植物等环境生态资源"由于缺少资金的支撑出现建设中断现象,最终导致整体林业工程项目建设活动无法顺利进行,给整个行业的发展造成极大的影响。

(二)工程建设意识不强及生态环境污染严重

现代化经济发展环境下,市场中仍然有很多的社会群体自身生态环境保护意识较为薄弱,与此同时还伴随着林业工程屡遭破坏以及相关治理活动无法顺利进行等不良现象。除此之外,由于如今的整体生态环境破坏现象以及环境污染问题并不是很明显,因此无法给社会群体留下深刻印象,进而也导致社会群体逐渐偏移了生态环境保护的重心,甚至出现林业资源滥砍滥伐的问题现象,直接破坏了整体生态环境的平衡发展,对整个行业建设工程的有效开展造成了恶劣影响。

(三)工程建设整体监管力度不足,且相关法律制度不够完善

当代社会市场中,部分区域所开展的林业生态工程建设活动,由于受到当地社会经济发展环境的影响,导致相关林业生态工程整体监督与管理力度不足,同时还影响了工程建设活动的有效实施水平,对整个项目工程进展流程造成了一定影响。究其根本,是因为相关工程建设管理人员缺乏专业技能;且现阶段制定的法律法规无法满足现代林业发展及管理的需求,以及部分执法人员执法力度不足等原因所造成。

二、现代化经济发展环境下,加强我国当代林业生态工程建设的有效发展

(一)全面加强林业生态工程建设的质量监督及管理效率

从整体工程建设管理角度而言,在进行相关制度与策略制定的有效实施环节中,不应该制定过度宏观的建设计划,而是应该依照每个林业区域的

具体情况来进行相关建设与发展计划的合理制定,以"当地实际发展带动发展计划的有效转变"为出发点,以全面保障设计内容能与实际发展动态相对应,并随着动态的变化做出适当的调整,以便满足整体工程建设的实质性需求。

与此同时,还需要通过科学方式不断增强工程建设过程中的整体监督与管理力度。例如相关工程建设与管理单位,理当聘请专业的项目建设监督与管理人员,针对整体施工建设过程进行全面的监督与管理,并从常建设与发展活动所遇到的问题中,积极寻找良好的优化与解决措施,最大程度上将工程建设风险影响危害降至最低;在进行相关林木栽种以及培养期间,更应该做好相关的管理与照料工作,依照天气以及季节的更替,对林木进行适度的"浇水、施肥、以及除虫"等基础工作,为有效提升整体工程建设质量奠定基础保障。

（二）全面加强林业生态工程建设的整体项目资金投入力度

以科学方式,全面扩大工程建设项目资金整体来源渠道,便是对工程建设活动的最大支持与有效保障。因此,我国相关社会政府部门以及机关组织,理当依照工程施工当地区域的实际发展需要,来进行资金的定向投入,并可以借助相关信贷政策的有效方式,来进一步支持林业生态工程建设的整体发展活动。一方面,可以依照当地林业工程建设实况,进行相关建设资金投资流程的有效增大,例如由当地政府出面,充分调动"广大社会群众、社会公益基金、社会事业单位"等群体组织来进行资金的筹集活动;另一方面,同时也要全面加强对公益林的发展管理,将公益林的补偿标准进行适当提高,以此吸引更多的社会稳定资金的投入。

（三）全面加强林业生态工程建设相关法律法规的整体实施力度

当代社会中的各项机关与政府部门,理应在现有法律法规的基础之上,全面加大整体法律监督与管理实施范围与控制力度,依照林业工程建设整体活动发展需求。制定更为详细、更为适当的专业性法律条令,以保障能使其与现代林业整体生态工程建设长期战略性发展目标保持一致。与此同时,还应该针对相关工程建设执法人员展开定期的法律培训,以此充分摆正执法人员的整体执法力度,并全面加强执法人员的岗位综合素质,真正意义上为推动工程建设活动整体发展效率做出努力。

第二节　现代林业生态工程的建设方法

一、要以和谐的理念来开展现代林业生态工程建设

(一)如何构建和谐林业生态工程项目

构建和谐项目一定要做好五个结合。一是在指导思想上,项目建设要和林业建设、经济建设的具体实践结合起来。如果我们的项目不跟当地的生态建设、当地的经济发展结合起来,就没有生命力。不但没有生命力,而且在未来还可能会成为包袱。二是在内容上要与林业、生态的自然规律和市场经济规律结合起来,才能有效地发挥项目的作用。三是在项目的管理上要按照生态优先,生态、经济兼顾的原则,与以人为本的工作方式结合起来。四是在经营措施上,主要目的树种、优势树种要与生物多样、健康森林、稳定群落等有机地结合起来。五是在项目建设环境上要与当地的经济发展,特别是解决"三农"问题结合起来。这样我们的项目就能成为一个和谐项目,就有生命力[17]。

构建和谐项目,要在具体工作上一项一项地抓落实。一要检查林业外资项目的机制和体制是不是和谐。二要完善安定有序、民主法治的机制,如林地所有权、经营权、使用权和产权证的发放。三要检查项目设计、施工是否符合自然规律。四要促进项目与社会主义市场经济规律相适应。五要建设整个项目的和谐生态体系。六要推动项目与当地的"三农"问题、社会经济的和谐发展。七要检验项目所定的支付、配套与所定的产出是不是和谐。总之,要及时检查项目措施是否符合已确定的逻辑框架和目标,要看项目林分之间、林分和经营(承包)者、经营(承包)者和当地的乡村组及利益人是不是和谐了。如果这些都能够做到的话,那么我们的林业外资项目就是和谐项目,就能成为各类林业建设项目的典范。

(二)努力从传统造林绿化理念向现代森林培育理念转变

传统的造林绿化理念是尽快消灭荒山或追求单一的木材、经济产品的

生产,容易造成生态系统不稳定、森林质量不高、生产力低下等问题,难以做到人与自然的和谐。现代林业要求引入现代森林培育理念,在森林资源培育的全过程中始终贯彻可持续经营理论,从造林规划设计、种苗培育、树种选择、结构配置、造林施工、幼林抚育规划等森林植被恢复各环节采取有效措施,在森林经营方案编制、成林抚育、森林利用、迹地更新等森林经营各环节采取科学措施,确保恢复、培育的森林能够可持续保护森林生物多样性、充分发挥林地生产力,实现森林可持续经营,实现林业可持续发展,实现人与自然的和谐。

在现阶段,林业工作者要实现营造林思想的"三个转变"。首先要实现理念的转变,即从传统的造林绿化理念向现代森林培育理念转变。其次要从原先单一的造林技术向现在符合自然规律和经济规律的先进技术转变。再次要从只重视造林忽视经营向造林经营并举,全面提高经营水平转变。"三分造,七分管"说的就是重视经营,只有这样,才能保护生物多样性,发挥林地生产力,最终实现森林可持续经营。要牢固树立"三大理念",即健康森林理念、可持续经营理念、循环经济理念。

科学开展森林经营,必须在营林机制、体制上加大改革力度,在政策上给予大力的引导和扶持,在科技上强化支撑的力度。在具体实施过程中,我们可借鉴中德财政合作安徽营造林项目森林经营的经验,抓好"五个落实",一是森林经营规划和施工设计的落实,各个森林经营小班都要有经过县德援办审批的森林经营规划和施工设计。二是施工质量的落实,严格按照设计施工,实行"目标径级法"(即树木达到设定的径级才可采伐,不一定非采伐不可)进行人工林采伐和经营管理、"目的树种优株培育法"(即只砍除影响目的树种优株生长的竞争木,而保留非竞争木、灌木层和下层植被)进行天然林抚育间伐。三是技术服务的落实,乡镇林业站要为林农做好技术服务,确保操作指南落到实处。四是检查验收的落实,在施工中和施工后都要有技术人员进行严格的检查验收,省项目监测中心要把好最终验收关。五是抚育间伐限额的落实,要实行间伐材总量控制,限额单列,并对所确定的抚育间伐单位的采伐限额进行监控,使其真正落实到抚育间伐山场。

森林经营范围非常广,不仅仅是抚育间伐,而应包括森林生态系统群落的稳定性、种间矛盾的协调、生长量的提高等。例如,安徽省森林经营最薄弱的环节是通过封山而生长起来的大面积的天然次生林,特别是其中的针叶林,要尽快采取人为措施,在林中补植、补播一部分阔叶树,改良土壤,平衡种间和种内矛盾,提高林分生长量。

二、现代林业生态工程建设要与社区发展相协调

现代林业生态工程与社会经济发展是当今世界现代林业生态工程领域的一个热点,是世界生态环境保护和可持续发展主题在现代林业生态工程领域的具体化。下面通过对现代林业生态工程与社区发展之间存在的矛盾、保护与发展的关系进行概括介绍,揭示其在未来的发展中应注意的问题。

(一)现代林业生态工程与社区发展之间的矛盾

我国是一个发展中的人口大国,社会经济发展对资源和环境的压力正变得越来越大。如何解决好发展与保护的关系,实现资源和环境可持续利用基础上的可持续发展,将是我国在今后所面临的一个世纪性的挑战。

在现实国情条件下,现代林业生态工程必须在发展和保护相协调的范围内寻找存在和发展的空间。在我国,以往在林业生态工程建设中采取的主要措施是应用政策和法律的手段,并通过保护机构,如各级林业主管部门进行强制性保护。不可否认,这种保护模式对现有的生态工程建设区域内的生态环境起到了积极的作用,也是今后应长期采用的一种保护模式。但通过上述保护机构进行强制性保护存在两个较大的问题,一是成本较高。对建设区域国家每年要投入大量的资金,日常的运行和管理费用也需要大量的资金注入。在经济发展水平还较低的情况下,全面实施国家工程管理将受到经济的制约。在这种情况下,应更多地调动社会的力量,特别是广大农村乡镇所在社区对林业的积极参与,只有这样才能使林业生态工程成为一种社会行为,并取得广泛和长期的效果。二是通过行政管理的方式实施林业项目可能会使所在区域与社区发展的矛盾激化,林业工程实施将项目所在的社区作为主要干扰和破坏因素,而社区也视工程为阻碍社区经济发展的主要制约因素,矛盾的焦点就是自然资源的保护与利用。可以说,现代林业生态工程是为了国家乃至人类长远利益的伟大事业,是无可非议的,而

社区发展也是社区的正当权利,是无可指责的,但目前的工程管理模式无法协调解决这个保护与发展的基本矛盾。因此,采取有效措施促进社区的可持续发展,对现代林业生态工程的积极参与,并使之受益于保护的成果,使现代林业生态工程与社区发展相互协调将是今后我国现代林业生态工程的主要发展方向,它也是将现代林业生态工程的长期利益与短期利益、局部利益与整体利益有机地结合在一起的最好形式,是现代林业生态工程可持续发展的具体体现。

(二)现代林业生态工程与社区发展的关系

如何协调经济发展与现代林业生态工程的关系已成为可持续发展主题的重要组成部分。社会经济发展与现代林业生态工程之间的矛盾是一个世界性的问题,在我国也不例外,在一些偏远农村这个矛盾表现得尤为突出。这些地方自然资源丰富,但却没有得到合理利用,或利用方式违背自然规律,造成贫穷的原因并没有得到根本的改变。在面临发展危机和财力有限的情况下,大多数地方政府虽然对林业生态工程有一定的认识和各种承诺,但实际投入却很少,这也是造成一些地区生态环境不断退化和资源遭到破坏的一个主要原因,而且这种趋势由于地方经济发展的利益驱动有进一步加剧的可能。从根本上说,保护与发展的矛盾主要体现在经济利益上,因此,分析发展与保护的关系也应主要从经济的角度进行。

从一般意义上说,林业生态工程是一种公益性的社会活动,为了自身的生存和发展,我们对林业生态工程将给予越来越高的重视。但对于工程区的农民来说,他们为了生存和发展则更重视直接利益。如果不能从中得到一定的收益,他们在自然资源使用及土地使用决策时,对林业生态工程就不会表现出多大的兴趣。事实也正是如此,当地社区在林业生态工程和自然资源持续利用中得到的现实利益往往很少,潜在和长期的效益一般需要较长时间才能被当地人所认识。与此相反,林业生态工程给当地农民带来的发展制约却是十分明显的,特别是在短期内,农民承积着林业生态工程造成的许多不利影响,如资源使用和环境限制,以及退出耕地造林收入减少等,所以他们知道林业生态工程虽是为了整个人类的生存和发展,但在短期内产生的成本却使当地社区牺牲了一些发展的机会,使自身的经济发展和社会发展都受到一定的损失。

从系统论的角度分析,社区包含两个大的子系统,一个是当地的生态环境系统,另一个是当地的社区经济系统,这两个系统不是孤立和封闭的。从生态经济的角度看,这两个系统都以其特有的方式发挥着它们对系统的影响。当地社区的自然资源既是当地林业生态工程的重要组成部分,又是当地社区社会经济发展最基础的物质源泉,这就不可避免地使保护和发展在资源的利益取向上对立起来。只要世界上存在发展和保护的问题,它们之间的矛盾就是一个永恒的主题。

基于上述分析可以得出,如何协调整体和局部利益是解决现代林业生态工程与社区发展之间矛盾的关键。在很多地区,由于历史和地域的原因,其发展都是通过对自然资源进行粗放式的、过度的使用来实现的,如要他们放弃这种发展方式,采用更高的发展模式是勉为其难和不现实的。因而,在处理保护与发展的关系时,要公正和客观地认识社区的发展能力和发展需求。具体来说,解决现代林业生态工程与社区发展之间矛盾的可能途径主要有三条:一是通过政府行为,即通过一些特殊和优惠的发展政策来促进所在区域的社会经济发展以弥补由于实施林业生态工程给当地带来的损失,由于缺乏成功的经验和成本较大等原因,目前采纳这种方式比较困难,但可以预计,政府行为将是在大范围和从根本上解决保护与发展之间矛盾的主要途径。二是在林业生态工程和其他相关发展活动中用经济激励的方法,使当地的农民在林业生态工程和资源持续利用中能获得更多的经济收益,这就是说要寻找一种途径,既能使当地社区从自然资源获得一定的经济利益,又不使资源退化,使保护和发展的利益在一定范围和程度内统一在一起,这是目前比较适合农村现状的途径,其原因是这种方式涉及面小、比较灵活、实效性较强、成本也较低。三是通过综合措施,即将政府行为、经济激励和允许社区对自然资源适度利用等方法结合在一起,使社区既能从林业生态工程中获取一定的直接收益,又能获得外部扶持及政策优惠,这条途径可以说是解决保护与发展矛盾的最佳选择,但它涉及的问题多、难度大,应是今后长期发展的目标。

三、要实行工程项目管理

所谓工程项目管理是指项目管理者为了实现工程项目目标,按照客观规律的要求,运用系统工程的观点、理论和方法,对执行中的工程项目的进展过程中各阶段工作进行计划、组织、控制、沟通和激励,以取得良好效益的各项活动的总称。

一个建设项目从概念的形成、立项申请、进行可行性研究分析、项目评估决策、市场定位、设计、项目的前期准备工作、开工准备、机电设备和主要材料的选型及采购、工程项目的组织实施、计划的制订、工期质量和投资控制、直到竣工验收、交付使用,经历了很多不可缺少的工作环节,其中任何一个环节的成功与否都直接影响工程项目的成败,而工程项目的管理实际是贯穿了工程项目的形成全过程,其管理对象是具体的建设项目,而管理的范围是项目的形成全过程。

建设项目一般都有一个比较明确的目标,但下列目标是共同的:即有效地利用有限的资金和投资,用尽可能少的费用、尽可能快的速度和优良的工程质量建成工程项目,使其实现预定的功能交付使用,并取得预定的经济效益。

(一)工程项目管理的五大过程

1. 启动

批准一个项目或阶段,并且有意向往下进行的过程。

2. 计划

制定并改进项目目标,从各种预备方案中选择最好的方案,以实现所承担项目的目标。

3. 执行

协调人员和其他资源并实施项目计划。

4. 控制

通过定期采集执行情况数据,确定实施情况与计划的差异,便于随时采取相应的纠正措施,保证项目目标的实现。

5. 收尾

对项目的正式接收，达到项目有序的结束。

（二）工程项目管理的工作内容

工程项目管理的工作内容很多，但具体的讲主要有以下 5 个方面的职能。

1. 计划职能

将工程项目的预期目标进行筹划安排，对工程项目的全过程、全部目标和全部活动统统纳入计划的轨道，用一个动态的可分解的计划系统来协调控制整个项目，以便提前揭露矛盾，使项目在合理的工期内以较低的造价高质量地协调有序地达到预期目标，因此讲工程项目的计划是龙头，同时计划也是管理。

2. 协调职能

对工程项目的不同阶段、不同环节，与之有关的不同部门、不同层次之间，虽然都各有自己的管理内容和管理办法，但他们之间的结合部往往是管理最薄弱的地方，需要有效的沟通和协调，而各种协调之中，人与人之间的协调又最为重要。协调职能使不同的阶段、不同环节、不同部门、不同层次之间通过统一指挥形成目标明确、步调一致的局面，同时通过协调使一些看似矛盾的工期、质量和造价之间的关系，时间、空间和资源利用之间的关系也得到了充分统一，所有这些对于复杂的工程项目管理来说无疑是非常重要的工作。

3. 组织职能

在熟悉工程项目形成过程及发展规律的基础上，通过部门分工、职责划分，明确职权，建立行之有效的规章制度，使工程项目的各阶段各环节各层次都有管理者分工负责，形成一个具有高效率的组织保证体系，以确保工程项目的各项目标的实现。这里特别强调的是可以充分调动起每个管理者的工作热情和积极性，充分发挥每个管理者的工作能力和长处，以每个管理者完美的工作质量换取工程项目的各项目标的全面实现。

4. 控制职能

工程项目的控制主要体现在目标的提出和检查、目标的分解、合同的签订和执行、各种指标、定额和各种标准、规程、规范的贯彻执行,以及实施中的反馈和决策来实现的。

5. 监督职能

监督的主要依据是工程项目的合同、计划、规章制度、规范、规程和各种质量标准、工作标准等,有效的监督是实现工程项目各项目标的重要手段。

四、要用参与式方法来实施现代林业生态工程

(一)参与式方法的概念

参与式方法是期确立和完善起来的一种主要用于与农村社区发展内容有关项目的新的工作方法和手段,其显著特点是强调发展主体积极、全面地介入发展的全过程,使相关利益者充分了解他们所处的真实状况、表达他们的真实意愿,通过对项目全程参与,提高项目效益,增强实施效果。具体到有关生态环境和流域建设等项目,就是要变传统"自上而下"的工作方法为"自下而上"的工作方法,让流域内的社区和农户积极、主动、全面地参与到项目的选择、规划、实施、监测、评价、管理中来,并分享项目成果和收益。参与式方法不仅有利于提高项目规划设计的合理性,同时也更易得到各相关利益群体的理解、支持与合作,从而保证项目实施的效果和质量。目前各国际组织在发展中国家开展援助项目时推荐并引入的一种主要方法。与此同时,通过促进发展主体(如农民)对项目全过程的广泛参与,帮助其学习掌握先进的生产技术和手段,提高可持续发展的能力。

引进参与式方法能够使发展主体所从事的发展项目公开透明,把发展机会平等地赋予目标群体,使人们能够自主地组织起来,分担不同的责任,朝着共同的目标努力工作,在发展项目的制订者、计划者以及执行者之间形成一种有效、平等的"合伙人关系"。参与式方法的广泛运用,可使项目机构和农民树立参与式发展理念并运用到相关项目中去。

(二)参与式方法的程序

1. 参与式农村评估

参与式农村评估是一种快速收集农村信息资料、资源状况与优势、农民愿望和发展途径的新方法。这种方法可促使当地居民(不同的阶层、民族、

宗教、性别)不断加强对自身与社区及其环境条件的理解,通过实地考察、调查、讨论、研究,与技术、决策人员共同制订出行动计划并付诸实施。

在生态工程启动实施前,一般对项目区的社会经济状况进行调查,了解项目区的贫困状况、土地利用现状、现存问题,询问农民的愿望和项目初步设计思想,同政府官员、技术人员和农民一起商量最佳项目措施改善当地生态环境和经济生活条件。

参与式农村评估的方法有半结构性访谈、划分农户贫富类型、制作农村生产活动季节、绘制社区生态剖面、分析影响发展的主要或核心问题、寻找发展机会等。

具体调查步骤是,评估组先与项目县座谈,了解全县情况和项目初步规划以及规划的做法,选择要调查的项目乡镇、村和村民组;再到项目村和村民组调查土地利用情况,让农民根据自己的想法绘制土地利用现状草图、土地资源分布剖面图、农户分布图、农事活动安排图,倾听农民对改善生产生活环境的意见,并调查项目村、组的社会经济状况和项目初步规划情况等;然后根据农民的标准将农户分成 3 ~ 5 个等次,在每个等次中走访 1 个农户,询问的主要内容包括人口,劳力,有林地、荒山、水田、旱地面积,农作物种类及产量,详细收入来源和开支情况,对项目的认识和要求等介绍项目内容和支付方法,并让农民重新思考希望自家山场种植的树种和改善生活的想法;最后,隔 1 ~ 3 天再回访,收集农民的意见,现场与政府官员、林业技术人员、农民商量,找出大家都认同的初步项目措施,避免在项目实施中出现林业与农业用地、劳力投入与支付、农民意愿与规划设计、项目林管护、利益分配等方面的矛盾,保证项目的成功和可持续发展。

2. 参与式土地利用规划

参与式土地利用规划是以自然村或村民小组为单位,以土地利用者(农民)为中心,在项目规划人员、技术人员、政府机构和外援工作人员的协助下,通过全面系统地分析当地土地利用的潜力和自然、社会、经济等制约因素,共同制订未来土地利用方案及实施的过程。这是一种自下而上的规划,农户是制订和实施规划的最基本单元。参与式土地利用规划的目的是让农民能够充分认识和了解项目的意义、目标、内容、活动与要求,真正参与自主决策,从而调动他们参与项目的积极性,确保项目实施的成功。参与式土地利用规划的参与方有:援助方(即国外政府机构、非政府组织和国际社会等)、受援方的政府、目标群体(即农户、村民小组和村民委员会)、项目人员(即承担项目管理与提供技术支持的人员)。

之所以采用参与式土地利用规划是因为过去实施的同类项目普遍存在以下问题:①由于农民缺乏积极性和主动性导致造林成活率低及林地管理不善。这是因为他们没有参与项目的规划及决策过程,而只是被动地执行,对于为什么要这样做? 这样做会有什么好处也不十分清楚,所以认为项目是政府的而不是自己的,自己参与一些诸如造林等工作只不过是出力拿钱而已,至于项目最终搞成什么样子,与己无关。②由于树种选择不符或者种植技术及管理技术不当导致造林成活率和保存率低,林木生长不良。③由于放牧或在造林地进行农业活动等导致造林失败。

通过参与式土地利用规划过程,则可以起到以下作用:①激发调动农民的积极性,使农民自一开始就认识到自己是执行项目的主人。②分析农村社会经济状况及土地利用布局安排,确定制约造林与营林管护的各种因子。③在项目框架条件下根据农民意愿确定最适宜的造林地块、最适宜的树种及管护安排。④鼓励农民进行未来经营管理规划。⑤尽量事先确认潜在土地利用冲突,并寻找对策,防患于未然。

参与式土地利用规划(PLUP)并没有严格固定的方法,主要利用一系列具体手段和工具促进目标群体即农民真正参与,确保多数村民参与共同决策并制订可行的规划方案。以下以某地中德合作生态造林项目来对一般方法步骤进行介绍。

第一步:技术培训。由德方咨询专家培训县项目办及乡镇林业站技术人员,使他们了解和掌握 PLUP 操作方法。

第二步:成立项目 PLUP 小组,收集各乡及行政村自然、社会、经济的基本材料,准备项目宣传材料,准备 1:10 000 地形图、文具纸张、参与项目的申请表、规划设计表、座谈会讨论提纲与记录表等,向乡镇和行政村介绍项目情况。

第三步:项目 PLUP 小组进驻自然村(村民小组)与村民组长、农民代表一起踏查山场,并召开第一次自然村(村民小组)村民会议,向村民组长和村民介绍项目内容及要求、土地利用规划的程序与方法,向村民发放宣传材料、参与项目申请表、造林规划表,了解并确认村民参与项目的意愿和实际能力,了解自然村(村民小组)自然、社会、经济及造林状况和本村及周边地区以往林业发展方面的经验和教训,鼓励村民自己画土地利用现状草图,讨论该自然村(村民小组)的土地利用现状、未来土地利用规划、需要造林或封山育林的地块及相应的模型、树种等。

第四步:农民自己讨论土地利用方案并确定造林地块、选择造林树种和管护方式,农民自己拟定小班并填写造林规划表,村民约定时间与项目人员进行第二次座谈讨论村民自己的规划。在这个阶段,技术人员的规划建议内容应更广,要注意分析市场,防止规模化发展某一树种可能带来的潜在的市场风险。

第五步:召开第二次自然村(村民小组)村民会议,村民派代表或村民组长介绍自己的土地利用规划及各个已规划造林小班状况,项目人员与农民讨论他们自己规划造林小班及小班内容的可行性。农民对树种,尤其是经济林品种信息的了解较少,技术人员在规划建议中应向农民介绍具有市场前景的优良品种供农民参考。

第六步:现地踏查并将相关地理要素和规划确定的小班标注到地形图上,现场论证其技术上的可行性和有无潜在的矛盾和冲突,最终确定项目造林小班。项目人员还应计算小班面积并返还给农民,农民内部确定单个农户的参与项目面积,并重新登记填写项目造林规划表。

第七步:召开第三次村民座谈会(最后一次),制订年度造林计划,讨论农户造林合同的内容,讨论项目造林可能引起的土地利用矛盾与冲突的解决办法,讨论确定项目造林管护的村规民约。

第八步:以乡为单位统计汇总各自然村(村民小组)参与式造林规划的成果,然后由乡政府主持评审并同意盖章上报县林业局项目办,县林业局项目办组织人员对上报的乡进行巡回技术指导和检查,省项目办和监测中心人员到县监测与评估参与式造林规划成果是否符合项目的有关规定,最终经德方 HAJP 咨询专家评估确认后,由县项目办报县政府批准实施。

第九步:签订造林合同,一式三份,县项目办、乡林业站或乡政府和农户各保留一份。

3.参与式监测与评估

运用参与式进行项目的监测与评价要求利益双方均参与,它是运用参与式方法进行计划、组织、监测和项目实施管理的专业工具和技术,能够促进项目活动的实施得到最积极的响应,能够很迅速地反馈经验、最有效地总结经验教训,提高项目实施效果。

在现代林业生态工程参与式土地利用规划结束时,对项目规划进行参与式监测与评估的目的是:评价参与式土地利用规划方法及程序的使用情况,检查规划完成及质量情况、发现问题并讨论解决方案、提出未来工作改进建议。

参与式监测与评估的方法是:在进行参与式土地利用的规划过程中,乡镇技术人员主动发现和自我纠正问题,监测中心、县项目办人员到现场指导规划工作,并检查规划文件与村民组实际情况的一致性;其间,省项目办、监测中心、国内外专家不定期到实地抽查;当参与式土地利用规划文件准备完成后,县项目办向省项目办提出评估申请;省项目办和项目监测中心派员到项目县进行监测与评估;最后,由国内外专家抽查评价。评估小组至少由两人组成:项目监测中心负责参与式土地利用规划的代表一名和其他县项目办代表一名。他们都是参加过参与式土地利用规划培训的人员。

参与式监测与评估的程序是:评估小组按照省项目办、监测中心和国际国内专家研定的监测内容和打分表,随机检查参与式土地利用规划文件,并抽查1~3个村民组进行现场核对,对文件的完整性和正确性打分,如发现问题,与县乡技术人员以及农民讨论存在的困难,寻找解决办法。评估小组在每个乡镇至少要检查50%的村民组(行政村)规划文件,对每份规划文件给予评价,并提出进一步完善意见,如果该乡镇被查文件的70%通过了评估,则该乡镇的参与式土地利用规划才算通过了评估。省项目办、监测中心和国际国内专家再抽查评估小组的工作,最后给予总体评价。

第三节 现代林业生态工程的管理机制

林业生态工程管理机制是系统工程,借鉴中德财政合作造林项目的管理机制的成功经验,针对不同阶段、不同问题,我们研究整治出建立国际林业生态工程管理机制应包含组织管理、规划管理、工程管理、资金管理、项目监理、信息管理、激励机制、示范推广、人力资源管理、审计保障十大机制。

（一）组织管理机制

省、市、县、乡（镇）均成立项目领导组和项目管理办公室。项目领导组组长一般由政府主要领导或分管领导担任，林业和相关部门负责人为领导组成员，始终坚持把林业外资项目作为林业工程的重中之重抓紧抓实。项目领导组下设项目管理办公室，作为同级林业部门的内设机构，由林业部门分管负责人兼任项目管理办公室主任，设专职副主任，配备足够的专职和兼职管理人员，负责项目实施与管理工作。同时，项目领导组下设独立的项目监测中心，定期向项目领导组和项目办提供项目监测报告，及时发现施工中出现的问题并分析原因，建立项目数据库和图片资料档案，评价项目效益，提交项目可持续发展建议等。

（二）规划管理机制

按照批准的项目总体计划（执行计划），在参与式土地利用规划的基础上编制年度实施计划。从山场规划、营造的林种树种、技术措施方面尽可能地同农民讨论，并引导农民改变一些传统的不合理习惯，实行自下而上、多方参与的决策机制。参与式土地利用规划中可以根据山场、苗木、资金、劳力等实际情况进行调整，用"开放式"方法制订可操作的年度实施计划。项目技术人员召集村民会议、走访农户、踏查山场等，与农民一起对项目小班、树种、经营管理形式等进行协商，形成详细的图、表、卡等规划文件。

（三）工程管理机制

以县、乡（镇）为单位，实行项目行政负责人、技术负责人和施工负责人责任制，对项目全面推行质量优于数量、以质量考核实绩的质量管理制。为保证质量管理制的实行，上级领导组与下级领导组签订行政责任状，林业主管单位与负责山场地块的技术人员签订技术责任状，保证工程建设进度和质量。项目工程以山脉、水系、交通干线为主线，按区域治理、综合治理、集中治理的要求，合理布局，总体推进。工程建设大力推广和应用林业先进技术，坚持科技兴林，提倡多林种、多树种结合、乔灌草配套，防护林必须营造混交林。项目施工保护原有植被，并采取水土保持措施（坡改梯、谷坊、生物带等),禁止炼山和全垦整地,营建林区步道和防火林带,推广生物防治病虫措施,提高项目建设综合效益。推行合同管理机制,项目基层管理机构与农民签订项目施工合同,明确双方权利和义务,确保项目成功实施和可持续发展。项目的基建工程和车辆设备采购实行国际、国内招标或"三家"报价,项目执行机构成立议标委员会,选择信誉好、质量高、价格低、后期服务优的投标单位中标,签订工程建设或采购合同。

（四）涂金管理机制

项目建设资金单设专用账户,实行专户管理、专款专用,县级配套资金进入省项目专户管理,认真落实配套资金,确保项目顺利进展,不打折扣。实行报账制和审计制。项目县预付工程建设费用,然后按照批准的项目工程建设成本,以合同、监测中心验收合格单、领款单、领料单等为依据,向省项目办申请报账。经审计后,省项目办给项目县核拨合格工程建设费用,再向国内外投资机构申请报账。项目接受国内外审计,包括账册、银行记录、项目林地、基建现场、农户领款领料、设备车辆等的审计。项目采用报账制和审计制,保证了项目任务的顺利完成、工程质量的提高和项目资金使用的安全。

（五）监测评估机制

项目监测中心对项目营林工程和非营林工程实行按进度全面跟踪监测制,选派一名技术过硬、态度认真的专职监测人员到每个项目县常年跟踪监测,在监测中使用 GIS 和 GPS 等先进技术。营林工程监测主要监测施工面积和位置、技术措施(整地措施、树种配置、栽植密度)、施工效果(成活率、保存率、抚育及生长情况等)。非营林工程监测主要由项目监测中心在工程完工时现场验收,检测工程规模、投资和施工质量。监测工作结束后,提交监测报告,包括监测方法、完成的项目内容及工作量、资金用量、主要经验与做法、监测结果分析与评价、问题与建议等,并附上相应的统计表和图纸等。

（六）信息管理机制

项目建立计算机数据库管理系统,连接 GIS 和 GPS,及时准确地掌握项目进展情况和实施成效,科学地进行数据汇总和分析。项目文件、图表卡、照片、录像、光盘等档案实行分级管理,建立项目专门档案室(柜),订立档案管理制度,确定专人负责立卷归档、查阅借还和资料保密等工作。

(七)激励惩戒机制

项目建立激励机制,对在项目规划管理、工程管理、资金管理、项目监测、档案管理中做出突出贡献的项目人员,给予通报表彰、奖金和证书,做到事事有人管、人人愿意做。在项目管理中出现错误的,要求及时纠正;出现重大过错的,视情节予以处分甚至调离项目队伍。

(八)师范推广机制

全面推广林业科学技术成果和成功的项目管理经验。全面总结精炼外资项目的营造林技术、水土保持技术和参与式土地利用规划、合同制、报账制、评估监测以及审计、数字化管理等经验,应用于林业生产管理中。

(九)人力保障机制

根据林业生产与发展的技术需求,引进一批国外专家和科技成果,加大林业生产的科技含量。组织林业管理、技术人员到国外考察、培训、研修、参加国际会议等,开阔视野,提高人员素质,注重培养国际合作人才,为林业大发展积蓄潜力,扩大林业对外合作的领域,推进多种形式的合资合作,大力推进政府各部门间甚至民间的林业合作与交流。

(十)审计保障机制

省级审计部门按照外资项目规定的审计范围和审计程序,全面审查省及项目县的财务报表、总账和明细账,核对账表余额,抽查会计凭证,重点审查财务收支和财务报表的真实性;并审查项目建设资金的来源及运用,包括审核报账提款原始凭证,资金的入账、利息、兑换和拨付情况;对管理部门内部控制制度进行测试评价;定期向外方出具无保留意见的审计报告。外方根据项目实施进度,于项目中期和竣工期委派国际独立审计公司审计项目,检查省项目办所有资金账目,随机选择项目、全县项目财务收支和管理情况,检查设备采购和基建三家报价程序和文件,并深入项目建设现场和农户家中,进行施工质量检查和劳务费支付检查。

第五章　现代林业技术基础知识

第一节　林业技术发展的重要意义

在林业建设的整个发展过程中,必要的技术支持能够对林业发展产生重大影响,林业建设的长久发展依存于技术发展。目前,林业技术水平同林业发展与需求,两者之间的供需矛盾仍然巨大。因此,对于当前我国的林业产业及其建设而言,林业技术的改革与发展的作用日益凸显。

一、林业技术装备在林业建设中的重要作用

(一)实现林业建设现代化的重要手段

林业技术的装备作为林业技术当中的重要构成内容,其技术水平的增强是提升我国林业建设现代化过程的重要方式之一。同时,增强林业技术装备水平,也是助推我国林业产业走向现代化的必经之路。这对于促进我国林业产业的发展,进一步提升林业产业的产量及其可持续性,对于助推林业发展实现林业产业的本质性转变,推动我国当今林业建设的可持续生态化发展,都具有深刻的影响。

(二)衡量现代林业建设发展程度的重要标志

现代化的林业产业模式有别于传统的粗放型林业模式,现代化的林业产业模式强调以人为本、全面协调、可持续发展的林业产业模式。我国的现代林业发展应当最大限度地对林业产业进行多样化功能需求的拓宽与延伸,林业技术装备作为现代林业建设的基础保障,同时也决定着未来林业模式发展的方向。现代林业技术水平的持续提升,必须依存于对林业技术装备的持续改良,质量水平的好坏直接影响现代林业的发展基础和建设基础。

林业技术装备已逐渐成为评判现代林业产业建设发展状况的主要标志之一。

二、当前我国林业技术发展现状分析

(一)我国林业技术的发展现状

目前我国的林业产业规模及其技术水平得到了长足的发展,已经由传统简单的木材原材料加工的林业发展模式,逐步转变为当今以林业生态建设为主的发展模式,随着我国林业产业结构的整体性调整,林业技术水平也获得了长足的进步,主要体现在以下三个方面:第一,林业育种方面,通过采取生物科技等诸多方法,我国目前已能够独立自主研制并培育出树种产量效果好、抗病虫害能力出色的优良林木品种,有效增强了我国林业种植资源的产量能力,提升了林木的培育存活率。第二,林业病虫害防治方面。采用我国自主最新研制的森林生物药剂,有效地为我国的林业病虫害预防作出了巨大贡献。第三,林业管护方面。改变了传统的仅依靠纯粹的人工检测,发展出了借助计算机技术的林业信息系统,能够实时地对林业中的各项数据详细追踪,使林业发展真正进入数字化时代。

(二)制约我国林业技术发展的因素

当前我国林业技术的发展意识不强、这是影响我国林业技术快速发展的关键因素之一。一方面,目前我国绝大多数林业从业者的林业技术意识严重不足,仍然采用传统的林业产业经营生产方式从事林业活动。因此,要加强对林业经营方式的宣传与培养,以夯实其相应的林业技术基础。另一方面,由于林业技术中的新兴技术仍然不够成熟与完善,因而无法显著提升林业经济效益,甚至会导致林业经济效益亏损,这也在很大程度上制约着林业从业者与经营者推动林业技术的发展。我国当前林业技术发展的资金投入不足,应用于林业科技教育中的基础设施建设仍不够完善,林业技术发展的总体投资规模和程度同发达国家相比差距也十分明显。

第二节　林业实用技术体系

我国林业科技由于长期投入不足、人才缺乏、体制不健全和机制不灵活等原因,呈现出科研成果供需脱节、科技成果转化率不高、科技进步贡献率低等现状,在经济转型期,林业专业合作社成为林农、林企、科研院校和科技服务机构之间的桥梁。通过重构林业专业合作社科技成果转化运营模式,实现信息搜集与传递、科技转化规模化、科技成果市场化、推广体系多元化和协调等多项功能的建设,有效加快林业科技创新及成果转化。同时要积极开展技术培训,落实相关财政和税收政策,创新技术推广模式,进一步推动林业专业合作社的联合,使其成为"科技兴林"的有效载体。

　　林业专业合作社在促进科技创新及成果转化过程中,需要考虑各项功能的实施可行性,促进产品信息、科技信息的传递。而现有组织模式落后,不能有效提供产品信息、科技指导,导致参与人参与积极性不高,需要从系统的角度来规划林业专业合作社的科技创新和成果转化模式,特别是技术信息、产品信息在系统中的集成和传递。

一、创新技术信息沟通

　　林业科技创新需求信息构建出林农—林业专业合作社—科研院所、科技企业和中介这一链条。林业合作社对信息进行收集、甄别和传递。科研院所、科技企业和中介则针对具体现状和技术开发可行性,实施技术开发和运营。符合林农需求以及政府产业发展要求的技术供给信息又沿着科研院所、科技企业和中介—林业专业合作社—林农的路径,到达营林、生产经营第一线,完成供给信息的传输。林业专业合作社在此过程中完成了科技创新需求和供给信息的有效对接。

二、产品信息沟通

　　产品供给信息由林农—林业专业合作社—中介、企业、政府,而产品需求信息通过中介、企业、政府—林业专业合作社—林农,实现产品供给和需求的平衡。在这个过程中要考虑信息的时滞性。林农对市场价格和需求的判断,影响科技创新成果的市场化,而林业专业合作社则是影响林农对市场判断的一个有利因素。

三、合作信息沟通

林业专业合作社之间的规模化经营也是林业专业合作社在经营管理过程中需要考虑的。政府和协会等的协调和组织，则能促进林业专业合作社地区间的联动和发展。

第三节 林业技术创新的途径

一、建立林业生态技术创新体系

林业生态技术创新若要顺利实施，必须建立合理的创新体系。该体系应以林业企业为核心，以林业科研、教育培训机构为辅助，借助政府部门、中介机构和基础设施等社会力量，实现学习、革新、创造和传播林业生态技术的一个功能体系。由于林业生态技术创新是一个从新产品设想的产生，经研究、开发、工程化、商业化到市场应用完整过程的总和，所以，这就意味着创新体系必须是一系列机构的相互作用，而这些相互作用必须能够鼓励林业科学研究、推广林业先进技术、提高林业科技水平。

二、营造林业生态技术创新环境

生态技术创新的开展在很大程度上取决于创新环境。林业生态技术创新的外部环境主要涉及政策、科技、经济核算和生态环境等因素；内部环境主要是指企业生产目标、研发能力、管理方式、组织结构等方面。因此，国家应在政策导向上给予政策倾斜，运用财政、金融和税收等手段，激励林业企业开展生态技术创新，并为其创造良好的创新氛围。同时，林业企业也要将生态创新思想纳入企业发展目标，加强组织管理，提高技术研发实力，为生态技术创新营造良好的内部环境。政府作为创新活动的重要参与者，除了在技术研发投入中发挥作用外，其最大的职能在于提供制度保障，营造良好的林业生态技术创新环境。营造一个开放、统一、有序、公平的市场环境和注重环境效益的社会导向，是促进企业技术创新的主要外部动力，因此，政府应积极制定各种法律制度，并在舆论营造中发挥服务作用，以期更有效地对林业生态创新行为予以鼓励和保护。同时,企业也要牢固树立法治思想,建立健全相关制度,形成有利于林业生态创新的法制环境,并抓制度落实。

三、建立林业生态技术创新机制

林业生态技术创新是一个涉及经济、社会、生态、环境等多领域的综合系统,要全面开展这项工作,必须创新机制。林业具有公益性、社会性等重要特征,其受益者是全体社会成员。因此,林业生态技术创新应当是政府行为,政府在建立完善的林业生态技术创新机制中应发挥主导作用。《中华人民共和国森林法》中明确规定,建立森林生态效益补偿基金的法律制度,主要内容是国家设立森林生态效益基金,用于生态效益防护林和特种用途林及林木的营造、抚育、保护和管理。这为建立环境资源林的经济补偿制度提供了法律依据,也为建立健全林业生态技术创新机制提供了法律制度保障。

四、建立和完善管理制度

深化改革就是在调整林业结构,建立林业生态技术创新机制的同时,转换管理机制,形成社会化、网络化、国际化的林业生态技术管理新模式。首先要增强林业企业,特别是大中型林业企业的生态技术创新能力,加强技术改造,提高引进、吸收、消化、创新水平。其次要加强产学研结合,减少研究和开发中的盲目性和重复浪费,逐步使企业成为技术开发的创新主体。

五、健全社会配套服务体系

林业生态技术创新的前期经济效益较小,因此依靠技术推动与市场拉动的自然发展速度较慢,必须成立林业技术服务中心,集咨询、技术服务、中介机构甚至风险投资等职能于一身,服务于林业生态技术创新体系,实现林业生态技术创新的经济效益、环境效益、社会效益三者统一的目标。

总之,林业的良性发展对于我国实现可持续发展的重要作用是不言而喻的,盛世兴林,科教为先,只要我们本着扎实工作、积极进取的工作精神,就一定能走一条具有中国特色的林业创新之路,为推动生态林业的可持续发展建立卓越功勋。

六、林业技术发展概况

(一)加强林业技术支持的重要意义

技术是林业发展的关键因素之一,林业的发展要依靠技术进步来推动。我国林业技术总体水平与林业发达国家还有很大的差距,在此情况下,不断加强林业技术支持尤为重要。从宏观层面看,林业技术支持是林业可持续发展的需要,随着生物科技的发展,出现了转基因生物、种质资源的优化、生物病虫害的防治,大大提高了林业经营的效率,当世界林业技术发展时,一国的林业技术十分落后,就可能危及一国的林业可持续发展。从中观层面看,林业技术支持一方面可促进林业产业结构调整和技术升级,推动林业从传统林业向现代林业发展,从粗放林业向精准林业发展,从第一产业向第二和第三产业升级;另一方面,可推动林权改革,活跃林权流转市场。林业技术是制约林权流转的因素之一,由于林业经营者的技术缺乏,致使他们不敢流转林权。加大林业技术支持,向林业经营者提供所需技术,以解决其后顾之忧,必然能活跃林权流转市场。从微观层面看,林业技术支持可提高林业企业的竞争力。

(二)我国林业技术发展现状

我国林业已从传统的以木材生产为主发展到现在以林业生态建设为主、兼顾木材生产的新阶段:林业产业结构不断调整,由初期以第一产业为主向第二和第三产业发展,技术也不断升级。当前,林业部门正实施以大工程带动大发展的新战略,中心任务是优化产业结构,增强国家生态安全,保障经济和社会可持续发展,不断提高林业公益效益和综合生态生产力、这一任务的完成要依靠林业科技的支撑。随着国家对林业技术发展越来越重视,林业科技投入力度也不断加大,使得我国林业技术取得了突飞猛进的发展:在林业育种方面,通过生物科技攻关,培育出高产、抗病虫害的优良品种,并从国外引进良种,提高我国林业种质资源性能;采用飞机播种,提高了林业培育效率。在林业病虫害防治方面,不断研制出森林生物制药和生物制剂、林业化学药品,并通过"3S"技术,对病虫害进行检测在林业管护方面,已由传统的人工检测,发展为依靠计算机技术,建立林业信息系统,对森林进行信息跟踪，不仅准确而且效率大大提高。随着计算机科学的发展，林业已进入"数字林业"新时代，对信息技术的运用已经渗透各个方面，如森林监测、火灾测报的"3S"技术，以及林业数据子系统等，提高了林业的可控程度，促进了林业的大发展[18]。

虽然我国林业技术总体水平有很大的提高，但与林业发达国家相比，我国林业技术水平仍比较落后，如我国林业的技术储备不足、自主创新能力薄弱、对引进技术消化吸收能力弱、缺乏有竞争力的核心技术、科技成果转化率和高新技术水平较低、科技资源分散、配置严重重复、利用率不高、资源共享机制尚未真正形成、缺乏高素质的林业技术人才、林业科技研发的资金投入严重不足、科技管理体制和运行机制有待完善等。

（三）林业技术支持的制约因素

1. 林业技术意识不够强

随着经济的发展，世界林业技术取得了突飞猛进的发展，林业高新技术不断涌现，林业的发展越来越依赖于林业技术的进步。改革开放以来，我国的林业建设也发生了根本性的变化：从传统林业发展到现代林业，从注重林业的经济效益发展到经济效益、社会效益及生态效益三者兼顾的社会主义新林业时期，科技在林业上发挥的作用越来越重要，传统的粗放的林业生产已经不适应现代林业发展的需要了。重视林业技术革新是现代林业发展的要求，是我国林业进入 WTO 后在世界林业中立于不败之地的要求；然而，我国部分林农的技术意识不强，他们依然坚持采用传统的方式经营林业，一方面他们的素质相对较低，对林业新技术接受较难；另一方面林业的收益较低，他们不愿意进行林业技术投入。此外，由于部分地区林业没有形成规模，采用林业新技术的效益低下，致使林农淡薄林业技术发展。

2. 发展林业技术的投入不足

发展林业技术的投入不足是制约我国林业发展的重要因素之一。我国的林业技术投入不足主要表现在三个方面：①林业技术研发的资金投入不足；②林业科技人才培养的投入不足；③林业技术推广的投入不足。这些使得我国林业高新技术成果较之发达国家少，杰出的林业人才缺乏，林业技术推广的效率低下，技术成果转化率较低，从而严重制约了我国林业技术进步,阻碍了林业的发展。

3.林业技术推广效率和效果欠佳

林业技术推广在林业生产中的作用巨大,它是林业技术价值实现的基础,做好林业技术的推广工作是实现科技兴林的有效途径。然而,我国当前的林业推广工作的效率和效果不太令人满意,主要表现为以下几点。①对科技推广在林业生产建设中的重要性、紧迫性认识不到位,许多地方对科技推广的重要性认识还停留在口头上,有关科技推广机构建设、推广经费、推广人员待遇等一些优惠政策难以落实到位,影响了科技人员的积极性。②林业科技推广投入不足和推广网络体系不够完善。投入不足已经成为制约林业科技推广工作发展的重要因素,致使林业科技推广网络体系难以建立。推广机构基础设施差,缺少必要的推广仪器设备、交通工具;示范基地建设发展缓慢,自我发展和辐射带动能力不强。③科技推广运行机制相对滞后,推广服务人员能力有待加强。一方面科技推广的有效机制尚未形成,重点工程与科技推广结合不紧密,导致成果转化率低此外,科技推广与知识产权保护、植物新品种保护之间的矛盾显现;另一方面,技术推广人员缺乏知识更新和进修深造机会,对现代林业的新技术、新成果的熟悉程度和操作能力不足,素质有待提高,另外,推广机构专业分工过细,推广人员知识结构单一,不能很好地适应当前市场经济与高效林业多样化的发展要求,对林农缺乏足够的权威性。④林业科技推广与林业生产脱节的问题没有得到根本解决一方面,林业生态工程建设和产业发展对科技推广的需求缺乏自觉性、紧迫性,经营粗放,水平较低,效益低下;另一方面,林业科技推广工作仍在一定程度上偏离林业生产实际,选题存在不够准确的现象,科技推广与服务领域、层次和水平有限,重大林业生产技术问题的解决缓慢,实用性科技成果不完善、不配套直接影响了成果推广的速度和科技支撑作用的发挥。

4.林业技术自主创新能力和引进消化吸收能力较弱

当前,我国林业技术虽然取得了很大的发展,但是底子薄弱,技术水平较之发达国家还有一段距离:自主创新的能力较弱,很多高新技术靠国外引进。对引进技术的消化能力也较弱,很多技术仅仅停留在买技术、用技术的层面,没有很好地消化与创新。我国的林业创新体系尚不完善,技术创新的资金投入机制尚不健全,技术创新的激励机制有待完善。此外,对技术产权的保护意识不强,林业企业与科研机构的有机结合不够,产学研一体化机制不完善等都制约着我国林业技术创新能力和引进消化吸收能力的提高。

(四)加强林业技术支持的对策

1.要提高科技兴林思想意识

政府应加强林业技术的宣传工作,强调林业科技对林业生产的重要性,特别是对于边远山区,要鼓励林农接受和积极采用新技术。提高林农科技兴林意识可以从如下几方面着手。①在农村开展林业实用技术培训结合退耕还林等林业重点工程,采取短期实用技术培训形式,让农民接受林业科技知识,只有掌握了林业科技知识,才能从思想上重视它。②建立一批林业科技示范点和示范户,推广一批投资少、见效快、市场前景好、带动能力强、适宜农村发展的新成果和新技术,通过示范户带动广大林农学习科技、运用科技的积极性。③为农民提供林业科技书刊。组织编辑出版《全国林业生态建设与治理典型技术推介丛书》《农民致富关键技术问答丛书》《农家致富实用技术丛书》《特种经济动物养殖与利用丛书》等林业科普图书。组织编写果树、森林食品、森林中药材、竹藤花卉等方面的乡土教材,赠送给山区农民。

2.深化林业科技体制改革

要提高我国林业技术创新能力,就要不断深化科技体制改革,逐步建立起政府支持、市场引导、科研机构等综合研发,产学研结合,推广机构、林业企业、个人等力量广泛参与和分工协作的技术创新体系,加速科技成果转化,造就一支高水平、高素质的科技队伍,形成开放、流动、竞争、协作的运行机制,以提升我国林业技术的创新能力。完善我国的林业技术创新体系,具体来说,要走林业技术自主创新和引进再创新相结合的道路:①完善林业技术创新的激励机制,出台优惠政策,采取技术补偿机制对技术创新给予一定的补助,鼓励自主创新。②完善技术创新投入机制,处理好自主创新和引进消化吸收再创新的关系,增加自主创新的资金投入,增加对引进技术消化的投入。③加强技术交流和合作。④加强技术创新人才培养,以提高我国林业技术创新能力。

3.加大林业技术方面的投入

加强我国的林业技术支持首要的是要加大投入,可以从以下三个方面着手。①建立完善的林业技术补偿机制,林业的弱质性和低收益性制约了林业经营者林业技术投资的积极性,要提高林业整体的积极性,就要鼓励林农广泛采用新技术。可以对林农或林业企业提供技术补偿,对投资新技术的林农或林业企业给予其总投资一定比例的补助或提供免费的技术指导。②加大林业科技教育的投入。林业企业可以设立研发专项基金、加大对员工技术培训的投入,建立科研机构与林业企业的有机联系,加强对林业科研机构的资金支持。国家财政应加强对科研机构及林业院校的支持,培养林业科技人员,同时防止林业人才的流失。③加大林业技术推广的投入。林业技术推广的效率高低决定了林业技术成果转化效率的高低,这是林业技术价值实现的关键因素。因此,需加大林业技术推广工作的资金支持,对林业技术推广人员进行培训,提高其推广的技能,调动推广人员的积极性;配置先进的技术推广工具,提高推广的速度,将技术创新迅速地转化成生产力。

4.提高林业技术转化效率

提高林业技术成果的转化率,需要建立高效的林业技术推广网络体系。鉴于我国当前的技术推广环节存在的问题,应从如下几个方面着手:①深化改革,积极探索和建立与市场经济体制相适应的成果转化运行机制,坚持以市场为导向,以林业社会化服务为主导,建立技术推广的激励政策,政府干预与市场调节相结合,以生态效益为目的的推广项目应由政府无偿投资,经济效益明显的林业实用技术成果应逐步通过市场来调节、培养林农和林业企业为技术推广的主体;②整合资源,构建技术推广服务和成果转化平台,充分利用信息资源、人力资源和科技资源,在广大林区建立林业科技站,为林业经营者提供信息、技术指导等技术服务项目;③增加林业技术推广的资金投入;④加强技术推广工作的监督管理,一方面做好推广前的科学决策和项目论证工作,另一方面做好执行工程中的监控工作,使林业技术推广落到实处。最后,加强推广队伍自身的建设,采取灵活多样的培训形式,提高推广人员的素质和推广技能。

六、技术和专利基础知识

（一）当前造林主要新技术

当前林业方面国内外新技术有很多,造林(更新)主要包括①在良种选育基础上建立种子园;②组培苗的生产;③容器育苗;④塑料棚育苗;⑤飞机播种造林;⑥旱地深栽造林;⑦生根粉应用;⑧吸水剂的应用:⑨播种忌避剂应用;⑩防抽条剂应用等。

（二）专利及其分类

一项发明创造必须由申请人向政府部门(在中国目前是中华人民共和国国家知识产权局)提出专利申请,经中华人民共和国国家知识产权局依照法定程序审查批准后,才能取得专利权。专利证书包括三种类型,分别是发明新型专利证书、实用新型专利证书和外观设计专利证书。在申请阶段,分别称之为发明专利申请、实用新型专利申请和外观设计专利申请,获得授权之后,分别称之为发明专利、实用新型专利和外观设计专利,此时,申请人就是相应专利的专利权人。

（三）林业技术的核心内容

1. 林木种苗生产技术

主要包括种子生产的基本知识和技术,种子质量检验的方法,主要树种苗木的繁育技术,苗圃规划设计的方法,种子生产和育苗技术规程等内容。

2. 森林营造

主要包括造林的基本知识和基本技术、造林施工与管理技术、工程造林技术、造林技术规程。

3. 森林经营

包括森林抚育采伐的理论、方法和技术,森林主伐更新的理论和方法,森林采伐作业技术,森林经营技术规程。

4. 森林资源管理

主要包括森林资源管理的基本理论,森林资源调查的技术规范,森林调查规划软件的使用方法,基本图、林相图、森林分布图的绘制和使用方法,培养学生森林资源调查及编制森林经营方案的能力。

5. 林业有害生物控制技术

包括森林昆虫基础知识、森林病害基础知识、森林病虫害防治原理和防治措施、森林病虫害调查和预测预报,讲解病虫害防治技术规程,帮助林农掌握森林病虫害的防治、调查、预测预报知识,使林农掌握森林主要检疫害虫的种类、识别方法、防治措施。

（四）遥感技术

遥感技术（Remote Sensing，RS），顾名思义,遥感就是从遥远处感知,地球上的每一个物体都在不停地吸收、发射和反射信息和能量。其中的一种形式电磁波早已被人们所认识和利用。人们发现不同物体的电磁波特性是不同的遥感就是根据这个原理来探测地表物体对电磁波的反射和其发射的电磁波,从而提取这些物体的信息,完成远距离识别物体。遥感是在航空摄影测量的基础上,随着空间技术、电子技术和地球科学的发展而发展起来的,它的主要特点:已从以飞机为主要运载工具的航空遥感发展到以人造卫星为主要运载工具的航天遥感;它超越了人眼所能感受到的可见光的限制,延伸了人的感官;它能快速、及时地监测环境的动态变化;它涉及天文、地学、生物学等科学领域,广泛吸取了电子、激光、全息、测绘等多项技术的先进成果;它为资源勘测、环境监测、军事侦察等提供了现代化技术手段简而言之,遥感技术是运用物理手段、数学方法和地学规律的现代化综合性探测技术。

（五）GPS 技术在林业上的运用

将 GPS 这一先进的测量技术应用在林业工作中电能够快速、高效、准确地提供点、线、面要素的精密坐标,完成森林调查与管理中各种境界线的勘测与放样落界,成为森林资源调查与动态监测的有力工具。GPS 技术在确定林区面积,估算木材量,计算可采伐木材面积,确定原始森林、道路位置、对森林火灾周边测量,寻找水源和测定地区界线等方面可以发挥其独特的重要的作用在森林中进行常规测量相当困难,而 GPS 定位技术可以发挥它的优越性,精确测定森林位置和面积,绘制精确的森林分布图。

1. 森林调查、资源管理

（1）测定森林分布区域

美国林业局是根据林区的面积和区内树木的密度来销售木材。对木材面积的测量闭合差必须小于1%在一块用经纬仪测量过面积的林区，沿林区周边及拐角处做 GPS 定位测量并纠正偏差，得到的结果与已测面积误差为0.03%，这一实验证明了测量人员只要利用 GPS 技术和相应的软件沿林区周边使用直升机就可以对林区的面积测量。过去测定所出售木材的面积要求用测定面积的各拐角和沿周边测量两种方法计算面积，使用 GPS 测量时，沿周边每点都测量且精度很高。

（2）利用手持 GPS 监测样地初设与复位，只需输入坐标，不需引点引线

位置准确，效率高，复位率达100%。在我国黑龙江等省的国家一类清查中，采用美国 GARMIN 公司的 12C 和 eTrex 进行复位测定，取得了良好的效果，工作效率提高 5~8 倍，定位误差不超过 7 m，其成果受到国家林业和草原局森林资源管理司的充分肯定。

（3）利用手持 GPS 导航伐开境界线，如平坦地林班线的伐开和确立标桩

以往该类工作采用角规、拉线等方法，工作强度大，误差高，准确度低，进场需要返工，浪费严重。采用 GPS 后，利用其航迹纪录和测角、测距功能，不但降低了劳动强度，而且准确度高，落图简便，极大地提高了效率。

（4）利用差分或测量 GPS 建立林区 GPS 控制网点

这些具有精密坐标的蕨点，是林区今后各种工程测量作业必须参照的位置蕨点，如手持导航 GPS 仪器的坐标误差修正，勘测道路、农田、迹地等可以参照。

（5）利用差分或测量 GPS 对林区各境界线实施精确勘测、制图和面积求算

如各种道路网、局界、场界地类位置和绘制图形并求算面积，转绘于林业基本用图上，达到对各种森林地类变化的动态监测的目的，测量精度达到分米级。

（6）利用差分或测量型 GPS 进行图面区划界线的精确现地落界

如勘分两荒界、行政区界等。可解决现地界线不清和标志位置不准的普遍存在的问题。

2. GPS 技术用于森林防火

利用实时差分 GPS 技术,美国林业局与加利福尼亚的喷气推进器实验室共同制订了 FRIREFLY 计划。它是在飞机的环动仪上安装热红外系统和 GPS 接收机,使用这些机载设备来确定火灾位置,并迅速向地面站报告。另一计划是使用直升机、无人机或轻型固定翼飞机沿火灾周边飞行并记录位置数据,在飞机降落后对数据进行处理并把火灾的周边绘成图形,以便进一步采取消除森林火灾的措施。

采用手持 GPS 进行火场定位、火场布兵、火场测面积、火灾损失估算,精确度高,安全性强,能够实时、快速、准确地测定火险位置和范围,为防火指挥部门提供决策依据,已为国内外防火机构广泛采用。

3. GPS 在造林中的应用

(1)飞播

在没有采用 GPS 之前,飞行员很难对已播和未播林地作判断,经常会出现重播和漏播的情况,飞播效率很低采用 GPS 之后,利用其航迹记录功能、飞行员可以轻松了解上次播种的路线,从而有效地避免重播和漏播。此外,利用航线设定功能,飞行员可以在地面设定飞行距离和航线,在飞行中按照预先设定好的航线工作,极大地降低作业难度。

(2)造林分类、清查

利用 GPS 的航迹记录和求面积功能,林业工作人员很容易对物种林的分布和大小进行记录整理,同时了解采伐和更新的比例,对各林业类型标注,方便了林业的管理。在我国黑龙江、吉林和内蒙古等省(区)的分类经营、造林普查、资源调查中,已经开始大量采用 GPS 技术,取得了很好的效果,不但节省了大量的人力、物力和资金,而且极大地提高了工作效率。实践证明,采用 GPS 完全可以取代传统的角规加皮尺的落后测量手段,并取得极大的经济效益,由此可见,GPS 技术的普遍应用必将促进林业工作向着精确、高效、现代化的方向发展是今后林业作业中必不可少的工具,如广泛使用一定会取得巨大的经济和社会效益。

(六)飞播技术及其优缺点

飞播,即飞机播种造林种草。就是按照飞机播种造林规划设计,用飞机装载林草种子飞行宜播地上空,准确地沿一定航线按一定航高,把种子均匀地撒播在宜林荒山荒沙上,利用林草种子天然更新的植物学特性,在适宜的温度和适时降水等自然条件下,促进种子生根、发芽、成苗,经过封禁及抚育管护,达到成林成材或防沙治沙、防治水土流失的目的的播种造林种草法。飞播应用时要注意选择适宜的造林地和树种。飞播造林地要连片集中,植被覆盖度要高,土壤水分供应较充足。飞播适用于不易被风吹走,且发芽率较高,种源又较丰富的树种,如松树。

飞播虽然有工效高、成本低,便于在不易人工造林的地区大面积造林等各种优点,但是这种造林技术比较粗放,必须选择适宜的造林地、树种,并注意飞播后的管护。

(七)地理信息系统及其在林业中的运用

地理信息系统,即 GIS。是随着地理科学、计算机技术、遥感技术和信息科学的发展而发展起来的一个学科,是一门集计算机科学、信息学、地理学等多门科学于一体的新兴学科,它是在计算机软件和硬件支持下,运用系统工程和信息科学的理论,科学管理和综合分析具有空间内涵的地理数据,以提供对规划、管理、决策和研究所需信息的空间信息系统。

林业生产领域的管理决策人员面对着各种数据,如林地使用状况、植被分布特征、立地条件、社会经济等许多因子的数据,这些数据既有空间数据又有属性数据,对这些数据进行综合分析并及时找出解决问题的合理方案,借用传统方法不是一件容易的事,而利用 GIS 方法却轻松自如。

社会经济在迅速发展,森林资源的开发、利用和保护需要随时跟上经济发展的步伐,掌握资源动态变化、及时做出决策就显得异常重要:常规的森林资源监测,从资源清查到数据整理成册,最后制订经营方案,需要的时间长,造成经营方案和现实情况不相符。这种滞后现象势必出现管理方案不合理,甚至无法接受。利用 GIS 就可以完全解决这一问题,及时掌握森林资源及有关因子的空间时序的变化特征,从而对症下药。

林业 GIS 就是将林业生产管理的方式和特点融入 GIS 之中,形成一套为林业生产管理服务的信息管理系统,以减少林业信息处理的劳动强度,节省经费开支,提高管理效率。

GIS 在林业上的应用过程大致分为如下 3 个阶段。

第一,作为森林调查的工具。主要特点是建立地理信息库,利用 GIS 绘制森林分布图及产生正规报表,GIS 的应用主要限于制图和简单查询。

第二,作为资源分析的工具。已不再限于制图和简单查询,而是以图形及数据的重新处理等分析工作为特征,用于各种目标的分析和推导出新的信息。

第三,作为森林经营管理的工具。主要在于建立各种模型和拟定经营方案等,直接用于决策过程。

三个阶段反映了林业工作者对 GIS 认识的逐步深入。目前 GIS 在林业上的主要应用为:①环境与森林灾害监测与管理方面中的应用,包括林火、病虫害、荒漠化等管理,如防火管理应用、主要内容包括林火信息管理、林火扑救指挥和实时监测、林火的预测预报、林火设施的布局分析等。②在森林调查方面的应用,包括森林资源清查和数据管理(这是 GIS 最初应用于林业的主要方面)、制订森林经营决策方案、林业制图。③森林资源分析和评价方面,包括林业土地利用变化监测与管理,用于分析林分、树种、林种、蓄积等因子的空间分布,森林资源动态管理,林权管理。④森林结构调整方面,包括林种结构调整、龄组结构调整。⑤森林经营方面,包括采伐、抚育间伐、造林规划、速生丰产林、基地培育、封山育林等。⑥野生动物植物监测与管理。

(八)"6S"技术体系

"6S"技术体系就是一种具有创新意义的技术思想,它是由广为流传的"3S"技术,即全球定位系统(GPS)、地理信息系统(GIS)、遥感系统(RS)和以专家系统(ES)、决策支持系统(DSS)和模拟系统(SS)为基础的决策制程技术所组成。"6S"技术在林业活动中的具体实施过程如下:通过 GPS、差分全球卫星定位系统(DGPS)、GIS 和 RS 等的传感器或监控系统对林业活动全过程中的森林资源普查与动态监测、森林和设施园艺经营与管理、森林防火、病虫害防治、湿地监测和荒漠化监测等从宏观到微观自动实时监测,然后将这些当时当地采集的必要数据输入 GIS,再利用事先存在 GIS 中的 SS、ES 及 DSS 对这些信息进行加工处理,绘制信息电子地图、并在决策者的参与下,做出恰当的诊断和决策,制订最佳的实施计划[19]。

第六章　现代林业技术服务体系

第一节　林业技术服务体系

21 世纪初,随着集体林权制度改革的开展和不断深入,林业科技服务日益完善。为进一步巩固改革成果,国家林业和草原局及相关部门印发了一系列法规措施,通过加强科技下乡、科技示范、选派科技特派员、建立专业合作社等措施,提升不同科技服务主体的科技推广能力。建立健全的林业技术服务体系,要切实以林业科技、林业技术推广为重点,以乡镇林业站、护林员为主要纽带,以林业示范户、林业领头企业为关键载体,深入县、乡、村、示范户,构建集中的林业技术推广网络,定期进行相关技术推广,加强宣传,培养林业生产经营人员良好的综合素质,不断完善林业中介服务组织。

一、目前林业技术推广中存在的问题

林业技术推广迎来了大好的发展机遇,同时也面临着非常严峻的挑战,存在着许多亟待解决的问题。这些问题主要体现在以下几点。①缺乏高素质的推广队伍。许多林业技术推广人员都存在着知识结构单一、滞后性严重等问题,无法适应新时期林业技术推广工作的需要。②缺乏有效的推广方法。林业技术推广缺乏必要的生产性投入及相应的推广设备,同时没有形成全方位多层次的科技投入体系,缺乏良好的信息化管理。③缺乏合理的推广体制。在林业技术推广的过程中,由于体制不清晰、职责不明确及缺乏与服务对象的有效交流,使得林业技术推广体系无法发挥应有的作用,难以适应当前林业经济的发展需求。

二、我国林业科技服务模式

从我国林业科技服务体系发展历程中可以看出,我国林业科技推广机构主要包括政府部门、科研院所和林业院校、林业专业合作社(林业专业协会)、涉林企业等,林业科技服务供给主体呈现出多元化趋势,根据不同时期不同机构(组织)在林业科技推广中的作用机制及合作对象的不同,我国面向农户的林业科技服务模式主要可以归为以下三大类:政府主导型、市场主导型、自主合作型。但由于受经济体制的影响及我国林业发展状况的制约,政府主导型的服务模式是我国林业科技服务的主体、在这种服务模式中,政府处于主导地位,为林业科技服务工作提供资金和政策支持,而林业科研院所、林业高校、林业合作组织、涉林企业等主体起补充作用,多主体科技服务功能的发挥有待进一步提高。

三、建设科技服务站的目的

科技服务站为广大农村绿化苗木种植户以上门服务的形式,对苗木种植户提供种植规划与指导,并解决种植过程中遇到的病虫害、施肥、除草等相关问题,覆盖省内外各个地区,可为农民增效、增收提供高效便捷的服务。

四、科技服务站的服务内容

①提供苗木种植前期规划与指导。②提供苗木种植方法、技术。③提供苗木后期抚育指导,包括病虫害防治、施肥、除草、排水灌溉等指导。④提供最新的苗木市场信息,方便种植户及时找到销路,解决后顾之忧。⑤推荐使用新型农机设备、种植新技术新模式。⑥农民培训的田间学校,手把手现场教学。

五、林业工作站的职责

(一)政策宣传

宣传贯彻执行国家林业政策、法律法规,提高群众的知法、懂法、守法的自觉性。

（二）资源保护

保护森林资源，严格执行限额采伐管理，监督、检查持证采伐情况；做好森林病虫害预测预报工作，制定预防、防治措施，检查各测报点的防治措施及防治效果。

（三）林政执法

负责林政案件的查处、征占用林地管理和野生动物保护工作，制止乱征滥占、乱砍滥伐、乱捕滥猎的行为。

（四）生产组织

在林业局的指导下，制定林业生产管理考核办法，组织团（场）各单位开展各项林业生产经营活动，负责苗木平衡调度；积极协助上级主管部门做好造林规划设计、中幼林抚育管理及造林验收等工作。

（五）科技推广

积极开展林业科学试验活动，积极推广林业新技术，实现科学营林；负责林业科技项目的申报、管理和推广工作。

（六）社会化服务

做好林业技术的咨询服务和林业科普宣传工作。

（七）其他工作

加强对工作人员的政治学习和业务培训，提高专业技能。

六、解决林业技术问题的途径

①拨打全国林业服务热线电话96355。②去当地科技服务站咨询。③登陆中国林业网，或通过当地林业网在线沟通。

第二节 政府部门

一、国家林业和草原局主要职责

(一)负责林业和草原及其生态保护修复的监督管理

拟订林业和草原及其生态保护修复的政策、规划、标准并组织实施,起草相关法律法规、部门规章草案。组织开展森林、草原、湿地、荒漠和陆生野生动植物资源动态监测与评价。

(二)组织林业和草原生态保护修复和造林绿化工作

组织实施林业和草原重点生态保护修复工程,指导公益林和商品林的培育,指导、监督全民义务植树、城乡绿化工作。指导林业和草原有害生物防治、检疫工作。承担林业和草原应对气候变化的相关工作。

(三)负责森林、草原、湿地资源的监督管理

组织编制并监督执行全国森林采伐限额。负责林地管理,拟订林地保护利用规划并组织实施,指导国家级公益林划定和管理工作,管理重点国有林区的国有森林资源。负责草原禁牧、草畜平衡和草原生态修复治理工作,监督管理草原的开发利用。负责湿地生态保护修复工作,拟订湿地保护规划和相关国家标准,监督管理湿地的开发利用。

(四)负责监督管理荒漠化防治工作

组织开展荒漠调查,组织拟订防沙治沙、石漠化防治及沙化土地封禁保护区建设规划,拟订相关国家标准,监督管理沙化土地的开发利用,组织沙尘暴灾害预测预报和应急处置。

(五)负责陆生野生动植物资源监督管理

组织开展陆生野生动植物资源调查,拟订及调整国家重点保护的陆生野生动物、植物名录,指导陆生野生动植物的救护繁育、栖息地恢复发展、疫源疫病监测,监督管理陆生野生动植物猎捕或采集、驯养繁殖或培植、经营利用,按分工监督管理野生动植物进出口。

（六）负责监督管理各类自然保护地

拟订各类自然保护地规划和相关国家标准。负责国家公园设立、规划、建设和特许经营等工作，负责中央政府直接行使所有权的国家公园等自然保护地的自然资源资产管理和国土空间用途管制。提出新建、调整各类国家级自然保护地的审核建议并按程序报批，组织审核世界自然遗产的申报，会同有关部门审核世界自然与文化双重遗产的申报。负责生物多样性保护相关工作。

（七）负责推进林业和草原改革相关工作

拟订集体林权制度、重点国有林区、国有林场、草原等重大改革意见并监督实施。拟订农村林业发展、维护林业经营者合法权益的政策措施，指导农村林地承包经营工作。开展退耕（牧）还林还草，负责天然林保护工作。

（八）拟订林业和草原资源优化配置及木材利用政策，拟订相关林业产业国家标准并监督实施，组织、指导林产品质量监督，指导生态扶贫相关工作

（九）指导国有林场基本建设和发展

组织林木种子、草种种质资源普查，组织建立种质资源库，负责良种选育推广，管理林木种苗、草种生产经营行为，监管林木种苗、草种质量。监督管理林业和草原生物种质资源、转基因生物安全、植物新品种保护。

（十）指导全国森林公安工作

监督管理森林公安队伍，指导全国林业重大违法案件的查处，负责相关行政执法监管工作，指导林区社会治安治理工作。

（十一）负责落实综合防灾减灾规划相关要求

组织编制森林和草原火灾防治规划和防护标准并指导实施，指导开展防火巡护、火源管理、防火设施建设等工作。组织指导国有林场林区和草原开展宣传教育、监测预警、督促检查等防火工作。必要时，可以提请应急管理部，以国家应急指挥机构名义，部署相关防治工作。

（十二）监督管理林业和草原中央级资金和国有资产

提出林业和草原预算内投资、国家财政性资金安排建议，按国务院规定权限,审核国家规划内和年度计划内投资项目。参与拟订林业和草原经济调节政策,组织实施林业和草原生态补偿工作。

(十三)负责林业和草原科技、教育和外事工作

指导全国林业和草原人才队伍建设,组织实施林业和草原国际交流与合作事务,承担湿地、防治荒漠化、濒危野生动植物等国际公约履约工作。

(十四)完成党中央、国务院交办的其他任务

(十五)职能转变

国家林业和草原局要切实加大生态系统保护力度,实施重要生态系统保护和修复工程,加强森林、草原、湿地监督管理的统筹协调,大力推进国土绿化,保障国家生态安全。加快建立以国家公园为主体的自然保护地体系,统一推进各类自然保护地的清理规范和归并整合,构建统一规范高效的中国特色国家公园体制。

二、国家林业和草原局机构设置

(一)办公室

负责机关日常运转工作。承担宣传、信息、安全、保密、信访、政务公开工作。承担起草相关法律法规和部门规章草案以及文件合法性审查工作。承担行政执法、行政应诉、行政复议和听证的有关工作。

(二)生态保护修复司(全国绿化委员会办公室)

承担森林、草原、湿地、荒漠资源动态监测与评价工作。起草国土绿化重大方针政策,综合管理重点生态保护修复工程,指导植树造林、封山育林和以植树种草等生物措施防治水土流失工作。指导林业和草原有害生物防治、检疫和预测预报。承担古树名木保护、林业和草原应对气候变化相关工作。承担全国绿化委员会日常工作。

(三)森林资源管理司

拟订森林资源保护发展的政策措施,编制全国森林采伐限额。承担林地相关管理工作,组织编制全国林地保护利用规划。指导编制森林经营规划和森林经营方案并监督实施,监督管理重点国有林区的国有森林资源。

指导监督林木凭证采伐、运输。指导基层林业站的建设和管理。

（四）草原管理司

指导草原保护工作，负责草原禁牧、草畜平衡和草原生态修复治理工作，组织实施草原重点生态保护修复工程。监督管理草原的开发利用。

（五）湿地管理司（中华人民共和国国际湿地公约履约办公室）

指导湿地保护工作，组织实施湿地生态修复、生态补偿工作，管理国家重要湿地，监督管理湿地的开发利用，承担国际湿地公约履约工作。

（六）荒漠化防治司

起草全国防沙治沙、石漠化防治及沙化土地封禁保护区建设规划、相关标准和技术规程并监督实施。组织实施荒漠化、石漠化防治重点生态工程。组织、指导沙尘暴灾害预测预报和应急处置。承担防治荒漠化公约履约工作。

（七）野生动植物保护司（中华人民共和国濒危物种进出口管理办公室）

组织开展陆生野生动植物资源调查和资源状况评估。监督管理全国陆生野生动植物保护工作。研究提出国家重点保护的陆生野生动物、植物名录调整意见。按分工监督管理野生动植物进出口。承担濒危野生动植物种国际贸易公约履约工作。

（八）自然保护地管理司

监督管理国家公园等各类自然保护地，提出新建、调整各类国家级自然保护地的审核建议。组织实施各类自然保护地生态修复工作。承担世界自然遗产项目和世界自然与文化双重遗产项目相关工作。

（九）林业和草原改革发展司

承担集体林权制度、重点国有林区、国有林场、草原等改革相关工作。组织拟订农村林业发展的政策措施并指导实施。指导农村林地林木承包经营、流转管理。拟订资源优化配置和木材利用政策。

（十）国有林场和种苗管理司

指导国有林场基本建设和发展。承担林木种子、草种管理工作，组织种质资源普查、收集、评价、利用和种质资源库建设。组织良种选育、审定、示范、推广。指导良种基地、保障性苗圃建设。监督管理林木种苗、草种质量和生产经营行为。

(十一)森林公安局

指导森林公安工作,监督管理森林公安队伍。协调和督促查处特大森林案件。指导林区社会治安治理工作。负责森林和草原防火相关工作。

(十二)规划财务司

拟订林业和草原的发展战略、规划并监督实施。监督管理林业和草原中央级投资、部门预算、专项转移支付资金及相关项目实施。编制年度生产计划。组织生态扶贫和相关生态补偿制度的实施。指导涉外、援外项目实施。负责统计信息、审计稽查、机关财务核算管理和直属单位计划财务监督管理工作。

(十三)科学技术司

组织开展林业和草原科学研究、成果转化和技术推广工作。承担林业和草原科技标准化、质量检验、监测和知识产权等相关工作。监督管理林业和草原生物种质资源、转基因生物安全。

(十四)国际合作司(港澳台办公室)

开展林业和草原国际合作与交流,承办相关重要国际活动和履约工作。承担相关国际协定、协议和议定书的工作,承办涉及港澳台林业和草原事务。承担国际竹藤组织和亚太森林组织相关工作。

(十五)人事司

承担机关、派出机构和直属单位的干部人事、机构编制、劳动工资和教育工作。指导行业人才队伍建设工作。

(十六)机关党委

负责机关和在京直属单位的党群工作。

(十七)离退休干部局

负责离退休干部工作。

第三节　科研院所和林业院校

一、知名科研院所

(一)中国林业科学研究院的职能

中国林业科学研究院(简称中国林科院)是国家林业和草原局直属的综合性、多学科、社会公益型国家级科研机构,主要从事林业应用基础研究、战略高技术研究、社会重大公益性研究、技术开发研究和软科学研究,着重解决我国林业发展和生态建设中带有全局性、综合性、关键性和基础性的重大科技问题。近半个世纪,在国家林业主管部门的正确领导下,为国家林业发展战略和林业重大工程提供了强有力的科技支撑,对加快林业发展、改善生态环境、维护生态安全、建设生态文明作出了重大贡献。

(二)河北省林业科学研究院的主要职能

河北省林业科学研究院隶属于河北省林业和草原局,前身为河北省林业科学研究所,其主要职能:围绕林业生态建设和林业发展,从事河北省林业应用基础、林业社会公益事业发展研究,承担河北省林业资源开发利用、遗传育种及种苗标准化、生态林和经济林建设、森林资源保护和林果病虫害防治、林业经济等方面科学研究和技术服务业务,为河北省生态建设和林业经济发展提供科学技术支撑。

(三)吉林省林业科学研究院的主要职能

吉林省林科院前身为吉林省林业试验研究所、吉林省林业科学研究所,现与吉林省林业生物防治中心站合署办公吉林省林业科学研究院下设 5 个以科研为主的专业研究所,即林业、森林保护、森林工业、野生动物与湿地保护研究所、森林防火研究所;1 个工程设计所,具有营林工程乙级设计资质;3个面向吉林省的技术服务部门,即林业土壤分析化验中心、林业科技信息中心、林产(商)品质量监督检验站;1 个技术开发机构,即吉林省林产品工程研究中心;建有 1 个吉林省重点实验室。

（四）福建省林业科学研究院的主要职能

福建省林业科学研究院（中国林业科学研究院海西分院）隶属于福建省林业厅，业务上接受福建省科技厅指导。

福建省林科院是福建省林业行业专业较齐全、基础设施完善、学科配套较完善和科研能力较强的公益型综合性省级科研机构下设6个研究所、2个研究中心和2个挂靠单位（林业生产力促进中心和中日合作福建省林业技术发展研究中心），建成部、省2个重点实验室。主要从事为福建省林业生产建设服务的林木遗传育种、森林培育、环境资源、森林生态、生物多样性保护、森林保护、竹类与花卉栽培、生物技术、林产化工、木材加工、林业机械及科技信息等方面的基础研究、应用研究和技术开发推广工作。

福建省林业科学院坚持为林业生产建设和可持续发展解决关键技术的研究方向，围绕制约林业发展的前沿技术和关键技术立项，瞄准林业热点和难点问题，组织一些具有超前性、综合性、关键性的重点项目联合攻关，每年承担国家、省部级各类科研课题60~80项。建院以来，累计获得各类科研成果288项，其中荣获国家、省部级成果奖124项。科技成果广泛应用于林业生产，取得了显著的经济效益、社会效益和生态效益。在南方主要造林树种良种选育、沿海木麻黄防护林培育、森林主要病虫害防治、森林生态等研究领域居国内先进水平。

二、知名的林业类本科院校

（一）北京林业大学的重点学科

国家一级重点学科：林学。

国家二级重点学科：植物学、木材科学与技术。

国家重点（培育）学科：林业经济管理。

（二）南京林业大学的重点学科

国家一级重点学科：林业工程。

国家二级重点学科：生态学、木材科学与技术、林产化学加工工程、林木遗传育种、森林保护学。

（三）东北林业大学的重点学科

国家一级重点学科：林学、林业工程。

国家二级重点学科：植物学、生态学。

国家重点（培育）学科：林学、林业工程、植物学。

（四）西北农林科技大学的重点学科

国家二级重点学科：植物病理学、土壤学、农业水土工程、临床兽医学、果树学、动物遗传育种与繁殖、农业经济管理。

国家重点（培育）学科：作物遗传育种、农业昆虫与害虫防治。

三、知名的林业类专科院校

林业技术专业优势专科院校主要有云南林业职业技术学院、江西环境工程职业学院，辽宁林业职业技术学院、安徽林业职业技术学院、湖北生态工程职业技术学院、广西生态工程职业技术学院、甘肃林业职业技术学院、福建林业职业技术学院、黑龙江生态工程职业学院、湖南环境生物职业技术学院等。

（一）云南林业职业技术学院的林业技术专业特色

云南林业职业技术学院的林业技术专业是云南省级示范院校重点建设专业、省级特色专业、省级教学团队。该专业主要培养具有森林培育、森林资源调查与管理、森林保护、林业信息化技术应用等现代森林经营管理方面的知识和技能，面向林业行业基层实际需要、服务生产建设第一线的高端技能型人才。

毕业生主要在林业、农业、园林及城市绿化等单位从事种苗培育、森林资源调查、林业规划设计、森林营造管理、经济林栽培、森林病虫害防治、林业信息化技术应用及林业技术推广等方面的生产和管理工作。

（二）伊春职业学院的林业技术专业特色

该专业是为伊春市17个林业局开设的定向培养专业，培养具有与我国现代林业建设要求相适应的、德智体美全面发展的、具有较强的综合职业能力、能够从事森林培育、森林资源调查与经营管理等方面工作的高等应用技术专门人才。

该专业毕业生主要面向苗圃林场、基层林业站、林业局、森林病虫害防治检疫等单位，从事育苗、造林、森林经营、森林保护、森林资源调查、规划设计及营林生产等技术工作。

（三）杨凌职业技术学院的林业技术专业特色

该专业主要培养具有林业可持续发展的基本理论和实践技能，具有从事林业生产管理、林业行政执法、森林资源调查规划设计、森林资源经营与信息管理、森林保护与开发、森林生态工程监理等综合能力的高等技术应用型人才。

该专业毕业生主要面向各省地（市）、县林业局、林业中心、林场、苗圃、园林公司、林业技术推广站、水土保持局（站）及环境保护局（站）等单位。

（四）广西生态工程职业技术学院的林业技术专业特色

该院林业技术专业是广西高校优质专业、广西示范性高等职业院校重点专业。林业技术实训基地为中央财政支持建设的实训基地和广西示范性实训基地。主要培养现代林业生产、建设、服务和管理第一线需求等方面的高技能应用型人才。

毕业生主要在林业部门、企事业单位、外资公司等从事森林资源管理、森林资源监测、林业调查规划设计、森林培育、林木种苗、森林保护、林业项目评估、森林经营作业设计等工作。

（五）福建林业职业技术学院的林业技术专业特色

该专业培养具备良好生态意识，掌握森林生物学基础理论和技术，从事现代生态规划、现代化林木良种选育、苗木生产与经营、森林培育、森林病虫害防治与检疫、森林资源管理及野生植物资源开发利用方面的高级技术技能型人才。

该专业毕业生主要面向营林公司、园林苗圃、林业局（站、场）、林业规划院、森林公园、自然保护区、森林资源资产评估机构等单位，从事林业经营管理、生态环境保护、森林旅游资源开发、森林资源管理与监测等技术与管理工作。

第七章　森林资源管理

第一节　森林采伐利用管理

森林的采伐是否合理,直接关系到森林的更新、生长和森林的演替,也直接关系到森林的生态效益、经济效益和社会效益的发挥。为了充分发挥保护森林资源的重要作用,科学合理的采伐管理是我们的首要任务。

一、森林采伐限额的概念和实行限额采伐的范围

（一）森林采伐限额

森林采伐限额是指国家所有的森林和林木以国有林业企业单位、农场、厂矿等为单位,集体所有的森林和林木、个人所有的林木以县为单位,按照法定程序和方法,经科学测算编制,经各级地方人民政府审核,报经国务院批准的年采伐消耗森林蓄积的最大限量。

长期以来,我国森林采伐消耗过量,致使许多地方的森林资源减少,生态环境恶化。实行限额采伐,对有效地控制森林资源消耗,维护生态平衡,改善生态环境,促进林业发展,实现永续利用,充分发挥森林的生态效益、经济效益和社会效益,具有十分重要的意义。

（二）实行限额采伐的范围

纳入年森林采伐限额包括成熟的用材林的主伐,国防林、母树林、环境保护林、风景林的抚育和更新性质的采伐,低产林分的改造等,含采伐胸高直径 5 cm 以上的立木蓄积量。

国务院批准的年森林采伐限额,每五年核定一次。经国务院批准的年森林采伐限额是具有法律约束力的年采伐限消耗森林蓄积的最大限量,未

经法定程序批准,不得突破。在国务院批准的商品材森林采伐限额内,国家备用的年森林采伐限额由国家林业和草原局根据具体情况严格控制使用,需要增加木材生产计划的,由省级林业主管部门提出申请,国家林业和草原局审批。

为了促进重点地区速生丰产林基地建设,一些省级地方性法规规定,商品林采伐限额实行五年总控、年度之间进行调剂的管理方式。编制年森林采伐限额的单位剩余的年度商品林采伐限额,经省级林业主管部门核实,可以结转下一年度使用。速生丰产用材林、工业原料林实行采伐限额单列,各森林经营单位当年剩余的采伐限额,经省级林业主管部门核实,可以结转下一年度使用。

对利用外资营造的用材林达到一定规模需要采伐的可以在国务院批准的年森林采伐限额内,由省、自治区、直辖市林业主管部门批准,实行采伐限额单列,以鼓励利用外资造林。

二、制定年森林采伐限额的程序与年度木材生产计划的编制、下达

(一)制定年森林采伐限额的程序

年森林采伐限额的编制,按照自上而下、上下结合、综合平衡、地方各级人民政府审核,国务院批准的程序进行。参加编制年森林采伐限额的各单位,应当按照国家林业和草原局和省级林业主管部门的要求,测算年森林合理采伐量,提出年森林采伐限额建议指标;经县级以上林业主管部门初审和同级人民政府审核;逐级上报由省级林业主管部门汇总和评审;经省级人民政府审核后报国务院批准。

(二)年度木材生产计划的编制和下达

1.年度木材生产计划编制程序

年度木材生产计划由国家统一制定。按照有关规定,各森林经营单位应于每年10月提出下一年度的木材生产计划,县、市林业主管部门汇总、审核,于11月底前报省级林业主管部门汇总、平衡,经国务院林业主管部门批准后,自上而下逐级下达。

2.对营造速生丰产林用地采伐实行采伐指标单列

为了吸引社会资金投入林业,充分调动广大企业、社会团体、机关及单位和个人营造速生丰产林的积极性,实行营造速生丰产林用地采伐和现有短轮伐期速生丰产林业采伐指标单列。市、县林业主管部门可根据改造低产林发展速生丰产林和现有短轮伐期速生丰产林采伐的实际需要,上报年度木材生产计划,省级林业主管部门根据情况优先予以安排采伐指标。

三、木材凭证采伐制度

林木采伐许可证的内容包括采伐地点、面积、蓄积(或株数)、树种、采伐方式、期限和完成更新造林的时间等。林木采伐许可证的式样由国务院林业主管部门规定,由省、自治区、直辖市人民政府林业主管部门印制。根据《中华人民共和国森林法》的规定,除采伐不是以生产竹材为主要目的的竹林以及农村居民采伐自留地房前屋后等个人所有的零星林木以外,凡采伐林木必须申请林木采伐许可证,并按照许可证的规定进行采伐。

凭证采伐的范围,就林木所有权而言,包括国有林业企事业单位、机关、团体、部队、学校和其他国有企事业单位的森林和林木,铁路、公路的护路林,集体所有制单位的森林、林木和联营性质的林木以及个体经营的自留山、责任山的林木和承包经营的林木;就林种而言,包括用材林、经济林、防护林、薪炭林以及特种用途林,也包括生产竹材料的竹林;就采伐类型和采伐方式而言,包括主伐、抚育间伐、低产林改造更新性质的采伐,采伐方式包括皆伐、择伐、渐伐等;就采伐目的和用途而言,包括以生产商品材为目的的林木采伐和不以生产商品材为目的的林种结构调整、农民自用材、培殖业用材和烧材等林木的采伐,也包括工程建设占用、征用林地的林木采伐以及因病虫害、火灾受害的林木采伐等;就林木生长地而言,包括了除农村居民在自留地、房前屋后等土地上种植的个人所有的零星林木外的其他地方的林木。但是,在农村居民房前屋后和自留地上天然生长的国家重点保护的树木和古树名木则不属于凭证采伐的范围。

四、审核发放林木采伐许可证的机关

根据有关法律、法规的规定,采伐森林、林木和以生产竹材为主要目的

的竹林,林木采伐许可证按不同情况分别由有关部门和单位核发。国有林业企事业单位、机关、团体、部队、学校和其他企事业单位采伐林木,由所在地县级及以上林业主管部门审核发放采伐许可证。其中,县属国有林场由所在地的县级人民政府林业主管部门核发;省、自治区、直辖市和设区的市、自治州所属的国有林业企事业单位、其他国有企事业单位,由所在地的省、自治区、直辖市人民政府林业主管部门核发:重点林区的国有林业企事业单位,由国务院林业主管部门核发。

铁路、公路的护路林和城镇林木的更新采伐,由有关主管部门依照有关规定审核发放采伐许可证。农村集体经济组织采伐林木,由县级林业主管部门依照有关规定审核发放采伐许可证。农村居民采伐自留山和个人承包集体的林木,由县级主管部门或者其委托的乡(镇)人民政府依照有关规定审核发放采伐许可证。采伐行政区域的森林和林木,由林权所有者所在的县(市、区)林业主管部门核发林木采伐许可证,并告知采伐地所在的县(市、区)林业主管部门。

第二节　林地管理

林地管理工作在自治区党委、政府正确领导和国家林业和草原局的大力支持下,通过一手抓规范管理,严格履行程序,依法审核审批;一手抓强化服务,增强服务意识,提高办事效率,正确处理保护与发展、依法审核审批与强化服务的关系,征占用林地审核管理工作规范化、法治化,形成了以节约集约使用林地,保障和服务于自治区国民经济和社会发展,科学可持续发展与合理利用林地的和谐局面。

一、生态环境、资源状况与经济建设

随着国家西部大开发战略的深入和自治区新型工业化、新型城镇化、农牧业现代化步伐加快,按照国家和自治区的统一安排部署,实施了以市场为导向的优势资源开发战略和加强薄弱环节的基础设施能力建设等战略。一大批诸如石油、天然气开采和加工供应、煤炭开发储备和煤层气开发利用及农业、水利、交通、电力、通信等国家、自治区重点项目相继开工建设,各类工程建设使用林地需求不断增长。

二、林地管理的基本情况和成效

林地是森林资源的重要组成部分,是发展林业的基础。《森林法》《〈森林法〉实施条例》的颁布实施,为林地保护管理提供了法律武器;自治区党委政府提出的"环保优先、生态立区","资源开发可持续、生态环境可持续"理念,为林地保护管理提供了政策依据。我区各级党委、政府及林业主管部门加强林地保护管理,认真贯彻《森林法》等有关法律法规和国家及自治区相关政策规定,加快生态建设步伐,深入推进林地保护利用管理,取得了明显的成就。基本形成了以林权管理为基础、以林地保护利用为核心、以征占用林地审核审批为重点、以严厉打击破坏林地和非法占用林地为保障的林地保护利用管理体系,林地保护利用管理走上了法治化、科学化和规范化轨道。

(一)林地保护利用管理有效机制逐步完善,更加科学合理

随着我区经济社会的发展,各项工程建设使用林地的项目越来越多,加快经济发展与加强林地资源保护的矛盾日益突出。如何使各项工程建设科学合理地使用林地资源,不占或少占林地,提高林地利用率,力争做到在加快经济发展中最大限度地减少对生态环政策环境的影响,是各级林业部门切实加强林地保护利用管理工作的根本。

1.加强宣传教育,提高全社会保护林地的意识

为提高全社会保护林地的意识,加强社会监督的作用,我区各级林业主管部门充分利用各种宣传工具,采取多种形式向用地单位、相关部门、林地所有者和使用者及社会各界广泛宣传加强林地保护的意义,宣传林业部门在办理征占用林地中的职能,公开办理征占用林地的有关规定,曝光已经查处的乱占林地的典型案例,提高依法办理征占用林地手续的意识,增强保护林地及依法使用林地的自觉性。

2.规范征占用林地管理,实现林地保护利用管理的程序化、制度化、规范化

为切实保护好林地资源,林业厅相继出台印发的《关于转发〈国家林业

和草原局关于依法加强征占用林地审核审批管理的通知〉的通知》《关于进一步明确我区森林植被恢复费征收标准的通知》等一系列林地保护利用管理的规范性文件,对申请征占用林地的审核审批报件、林地补偿计算基数、森林植被恢复费征收标准等作了明确的规定,进一步规范了各项工程建设征占用林地审核审批管理。建立健全了全区征占用林地申请受理登记、审核审批、建档统计等一整套征占用林地管理制度。征占用林地管理逐步实现程序化、制度化、规范化。

3.加强征占用林地审核审批规范管理,促进依法使用林地措施的实施

为切实加强和规范我区林地征占用林地审核审批管理,一是严格行政许可程序,进一步规范了征占用林地审核审批工作。通过网站和墙报栏方式,对外公布征占用林地的上报材料、办事程序、办理时限等内容,建立起一套公开、透明、廉洁高效的管理制度;二是进一步增强服务意识。各级林业主管部门加大服务力度,主动向相关部门宣传发送涉及林地保护的法律法规和依法使用林地的有关规定,积极配合建设单位及时上报征占用林地申请,按时审核审批;三是严格征占用林地审核审程序,同时,加强对征占用林地的监督检查,坚决查处违法使用林地行为。每年定期组织力量对征占用林地使用情况进行检查,并将检查情况通报全区。通过检查督促,进一步促进了依法使用林地管理措施的实施。

(二)林地林权管理成效显著,林权管理进一步规范

近几年,随着森林生态效益补偿的实施和退耕还林工作的开展,进一步推动了我区国有、集体和个人林权证颁证工作的进行。通过林权颁证,依法确认林地所有者和使用者的所有权和使用权,保护了他们的合法权益。

(三)有偿使用林地制度的实施,使征占用林地审核审批率明显提高

随着西部大开发战略的实施和我区经济建设的快速发展,各类建设项目使用林地数量不断呈上升趋势。我区各级林业主管部门坚持依法办事,严把使用林地审核审批关,严格有偿使用林地制度,三项补偿费和森林植被恢复费缴纳制度的建立,改变了过去国家建设用地无偿划拨的做法,使林地的使用更加集约高效,我区的林地保护利用管理取得了显著成效,有效地遏

制了乱占滥用林地的行为。

（四）实行林地占补平衡的制度，保证了森林资源总量的稳定和持续增长

为强化林地保护利用管理，确保林地占补平衡制度的落实，我区采取有力措施加强对森林植被恢复工作的管理，严格森林植被恢复费的征收使用，保证了森林资源总量的稳定和持续增长。

三、林地保护利用管理中存在的主要问题及原因分析

虽然我区各级林业主管部门在依法加强林地保护利用管理做了大量工作，取得了很大成绩，但伴随着经济建设的快速发展，各类工程建设项目增多，使用林地需求的增加，特别是国家加强耕地的保护后，林地保护难度进一步加大，林地管理形势严峻，仍存在不少问题。

（一）使用林地审核环节规定不明确，征占用林地审核滞后

《森林法》规定："进行勘查、开采矿藏和各项建设工程，应当不占或少林地；必须占用或者征用林地的，经县级以上人民政府林业主管部门审核同意后，依照有关土地管理的法律、行政法规办理建设用地审批手续"，但在哪个环节审核未作明确规定。在实际操作过程中，土地预审、环境影响评价等专业项目审核均在建设工程项目可行性研究报告审批前完成，而林业主管部门使用林地的审核是在建设用地前，大中型建设项目在初步设计后办理，使林业主管部门在办理建设项目征占用林地审核时处于被动管理的位置。

（二）部门间技术规程规范缺乏统一，操作上存在差异

在建设项目使用林地地类认定上，林业部门划定的农田防护林地、经济林地和宜林荒地与国土部门划定的耕地、园地和不可利用土地之间概念不一致，在实际操作上存在分歧，使得部分农田防护林、经济林和宜林荒地无法按照林地进行管理。

（三）林地管理的主体错位，削弱了林业部门依法管理林地的职能

重点建设项目，实行由国土部门负责征地，其他部门配合的"统征"政策，造成使用林地管理的主体错位，在一定程度上削弱了林业部门依法管理

林地的职能。

（四）林地补偿标准缺乏针对性

对公益性基础设施、商业性开发、排碳量大、污染环境的建设项目执行统一的补偿标准，不利于林地保护利用管理和生态环境建设，不利于提高林地林木所有者保护管理林地林木和绿化造林的积极性。

四、加强林地保护利用管理的思考和建议

要解决我区林地管理工作中存在的问题，除加强管理、严格执法、相关部门协调外，最根本的途径就是进一步规范征占用林地管理制度，并通过法律法规的形式予以明确。

（一）建立健全科学合理规范的林地保护利用管理制度

国家应尽快出台《林地用途管制审核管理办法》《征占用林地预审管理办法》和《征占用林地专家评审管理办法》，以法律的形式明确建立林地用途管理制度、征占用林地预审制度和专家评审制度，提高林地征占用审核审批的科学性。

（二）编制林地保护利用规划，解决林地界限不清、用途不明的问题

编制完成自治区和各县市《林地保护利用规划》，建立自治区林地一张图，《林地保护利用规划》中明确林地保护范围、等级及林地使用途径和规模。规划经各级政府批准后，林地保护利用管理依照规划实施。

（三）进一步完善征占用林地审核审批程序

国家出台相关政策，明确各级发改部门在批准、核准、备案各项建设工程项目可行性研究报告前，对涉及使用林地的，应当由林业部门对建设用地拟占用征用林地的选址合理性、用地规模和对生态系统影响有关事项进行审查，出具审查意见。尤其是涉及生态区位极其重要和脆弱地区应提前作出专题论证，以便在建设项目批准前，有针对性提出避让、预防、保护、迁址、移植等相应措施，引导用地单位尽量不占或者少占林地，尽可能避免或减少给自然生态带来的不利影响。各级发改部门应将林业部门出具的审查意见，作为建设项目批准、核准、备案的依据。

（四）进一步完善征占用林地补偿办法

强化建设项目节约使用林地的价格调节机制,建立全国林地分等评级体系,健全征占用林地补偿和安置机制,制定补偿政策,实行林地优质优价、不同林地利用方向差别化经济调控制度;收缴森林植被恢复费应根据项目性质、林地的区位和用途等制定不同的标准,促进建设项目科学合理、节约使用林地。

（五）建立并落实林地保护利用考核体系和考核办法

国家制定出台林地保护利用考核办法,落实林地保护利用目标考核责任制。明确地方各级政府主要负责人要对本行政区域内的林地保护管理负责。把规划确定的森林保有量红线、征占用林地定额作为地方各级政府森林资源保护和发展目标责任制考核的重要内容,把全面保护林地、节约集约用地作为地方经济社会发展评价的重要因素。

第三节　林权管理

一、推进林权管理体系建设

一是建设有要求。省林业厅出台《关于开展县级林权管理服务体系规范化建设的指导意见》,核心是建立县级林权管理服务中心,负责林权档案管理,开展政策和法律法规咨询,指导集体林地承包经营和承包合同管理,协同调处林权争议等,为开展林权融资、抵押担保、抵押物收储和森林保险等提供服务。目标是用3年时间形成全省联通、联结县乡、覆盖村组、管理规范、服务便捷的林权管理服务体系。二是布置有检查。将是否建立林权管理服务中心纳入全省林业系统年度目标管理考核体系,要求县级林权管理服务中心在组织建设上做到机构设置明确、功能定位准确、人员配备到位。在制度建设上做到办事程序有依据、效能考核有标准、日常监管有办法。在基础建设上做到办公场所信息化、管理手段现代化、设施配备标准化。三是验收有标准。制定印发《关于开展县级林权管理服务体系规范化建设验收工作的通知》等文件,指导县级林权管理服务中心延伸林权管理服务到基层,依托基层林业工作站或乡镇为民服务中心,形成县、乡、村三级林权管理服务网络。

二、搭建林权交易服务平台

一是搭建林权交易平台。二是规范交易服务。全省林权交易实行线上线下"五统一",即统一信息披露、统一交易规则、统一制度标准、统一资金结算、统一平台监管。县级林权管理服务中心建立交易服务平台并延伸到乡村,线下主要在县乡挂牌或拍卖交易。三是扩大服务范围。将业务服务范围扩展到林权抵押担保收储、资产评估、林产品网上交易等方面。城市林权管理服务在信息化基础上,将流转后的规模经营和林权抵押贷款纳入服务范围;池州市东至县对农户流转山场实行免费评估、免费拍卖,流转一律在平台上交易,林权流转实现了无投诉零上访。

三、完善林权融资服务体系

一是开展林业与银行的全面合作。省林业厅与省农商行、农业银行、建设银行、邮储银行等金融机构签署金融支持林业战略合作协议。建行和农行主要针对龙头企业、专业大户等资金需求量大的大户。农商行、邮储银行的主要承贷对象是农户、家庭林场、合作社等,以小额贷款为主。

第八章 现代林业实用技术组成部分

第一节 药用植物栽培技术

药用植物是指医学上用于防病、治病的植物。其植株的全部或一部分供药用或作为制药工业的原料广义而言,可包括用作营养剂、某些嗜好品、调味品、色素添加剂,以及农药和兽医用药的植物资源。药用植物种类繁多,其药用部分各不相同,有全部入药的,如益母草、夏枯草等;部分入药的,如人参、曼陀罗、射干、桔梗、满山红等;需提炼后入药的,如奎宁等。

将药用植物栽培技术单独作为一章介绍,是因为药用植物具有其特殊性。本章内容简要介绍了药用植物的产量构成、药用植物采收加工药用植物加工管理、常见的药用植物栽培技术、生物制药技术及相关案例。

一、药用植物的产量构成

(一)各类药用植物的产量构成因素

药用植物的产量是指单位土地面积上药用植物群体的产量,即由个体产量或产品(药用部位)器官的数量构成,因药用植物种类不同,其构成产量的因素也有所不同。

产量构成因素的形成是在药用植物整个生育期内不同时期依次而重叠进行的。如果把药用植物的生育期分为3个阶段,即生育前期、中期和后期,那么以果实种子类为药用收获部位的药用植物,生育前期为营养生长阶段,光合产物主要用于根、叶、分蘖或分枝的生长;生育中期为生殖器官分化形成和营养器官旺盛生长并进期;生育后期为结实成熟阶段,光合产物大量运往果实或种子,营养器官停止生长且重量逐渐减轻。

(二)评价药用植物品质的指标

药用植物的品质是指其产品中药材的质量,直接关系到中药的质量及其临床疗效。评价药用植物的品质,一般采用两种指标:一是化学成分、主要指药用成分或活性成分的多少,以及有害物质如化学农药、有毒金属元素的含量等;二是物理指标,主要是指产品的外观性状,如色泽(整体外观与断面)、质地、大小、整齐度和形状等。

(三)药用植物有效成分积累的影响因素

药用植物栽培中,有效成分的形成、转化和积累是评价药材品质的重要指标和关键。一般而论,影响药用植物有效成分形成、转化和积累的因素有下述诸方面。

1.药用植物遗传物质的影响

药用植物的生长发育按其固有的遗传信息所编排的程序进行,每一种植物都有其独特的生物发育节律,植物遗传差异是造成其品质变化的内因。如金银花为忍冬科忍冬属植物的花蕾,我国忍冬属植物分布有98种,其中有10多种植物的花蕾作为金银花用,含有绿原酸、异绿原酸、忍冬苷及肌醇等多种有效成分,但由于药用植物的种类不同,其有效成分的形成、组成和转化、积累不相同。

2.药用植物生长年限的影响

药用植物体内有效成分的形成和积累,不但与其遗传基因、品种类别密切相关,也与它的生长年限有着密切关系。甘草一年生植株的根生长已较长,至秋季长25~80 cm,根部直径1.5~12.0 mm;栽种后第二年增长最快,可增重至上一年的160%左右;栽种后第三年实生根不但重量、长度、直径增长较明显,而且甘草酸(9.48%)、水溶性浸出物(42.86%)均符合药典标准,商品价格也较理想,所以栽培甘草宜在种植后的第三年秋季采收。

3.药用植物物候期的影响

药用植物体内有效成分的累积,不仅随植物不同年龄有很大变化,而且在一年之中随季节不同、物候期不同亦有很大影响。一般而论,以植株地上部分入药的,以生长旺盛的花蕾、花期有效成分积累为高;以地下部分入药的,休眠期积累为高。

4.药用植物不同器官与组织的影响

药用植物的有效成分主要在其供药用的器官与组织中形成、转化或积累;因此,不同药用植物的不同药用部位,则表现出不同有效成分积累规律。如薄荷是以唇形科薄荷属多种植物干燥地上部分入药的,其主要有效成分是薄荷醇、薄荷酮、胡椒酮等挥发油,以及木樨草素、圣草酚等黄酮类成分;但栽培薄荷类植物是以获得薄荷醇型(或薄荷醇 + 薄荷酮型)为主,即以获得其精油为主。经测定,在同一天内薄荷植株内部精油成分变化不大。不同部位的叶片中精油成分变化有明显变化,从茎上部至茎下部的叶含薄荷醇量是逐渐增高,而薄荷酮含量却逐渐减少,其他成分在上下相邻叶片间无多大差异。

药用植物在生命活动过程中,各种生化反应(包括合成已知的有效成分及各种天然产物)的原料,包含物质、能量和信息,部分来自空气,受到气温、光照、水分等影响;另一部分则直接由植物根系从土壤中吸取。"地质背景系统"也制约着药用植物(特别是道地药材)的分布、生长发育、产量及品质。总之,各种环境条件对药用植物品质的影响是复杂而重要的,在不同生态因子作用下,药用植物体所产生的有效物质变化,与生态因子影响植物的代谢过程密切相关。因此,深入研究掌握各种生态因子,特别是其中主导生态因子对药用植物体代谢过程的作用关系,从而在引种驯化与栽培实践中,有意识地控制和创造适宜的环境条件,加强有效物质的形成与积累过程,则对提高中药材品质有着积极作用与重要意义[20]。

5.药用植物栽培技术与采收加工的影响

通常情况下,很多野生药用植物经引种驯化与人工栽培后,由于环境条件的改善,植株生长发育良好,为其有效成分的形成、转化和积累提供了良好条件,利于优质、高产。

适时采收与合理加工对于药用植物内在质量的提高也有重要意义。例如,麻黄碱主要存在于麻黄地上部分草质茎中,木质茎含量很少,根中基本不含,所以采收时应割草质茎。采收时间与气候关系密切。研究发现,降水量及相对湿度对其麻黄碱含量影响很大,雨季后,生物碱含量都大幅度下降。采收时间各地不一致,就是根据当地当年气温、降水量、光照等情况而决定的。如内蒙古中部和西部的草麻黄中生物碱含量高峰期约在 9 月中下

旬,此时采收最为适宜

二、药用植物采收加工

(一)根茎类药用植物的采收

1. 特点

种类多,生长期差异大,形态多样。

2. 采收时间

在植株停止生长之后或者在枯萎期采收,也可以在春季萌芽前采收,如人参、党参、黄芪、玉竹、知母等。有些植物生长期较短,夏季就枯萎了,如元胡、浙贝母、平贝母、半夏、太子参等;天麻则在初冬时采收,质坚体重,质优;而柴胡、关白附等部分品种花蕾期或初花期活性成分含量较高。

3. 采收方法

采收时用人工或机械挖取均可。

(二)皮类药用植物的采收

1. 干皮类

(1)采收时间

春末夏初,多云,无风或小风天气,或清晨、傍晚时剥取。皮部和木质部容易剥离,皮中活性成分含量也较高、剥离后伤口也易愈合。

(2)采收方法

全环状剥皮、半环状剥皮和条件剥皮,深度以割断树皮为准,一次完成,向下剥皮时要减少对形成层的污染和损伤;包扎剥皮处,根部灌水、施肥。

2. 根皮类

(1)采收时间

根皮的采收应在春秋时节。

(2)采收方法

用工具挖取,除去泥土、须根,趁鲜刮去栓皮或用木棒敲打,使皮部和木部分离,抽去木心,然后晒干或阴干。

3. 茎木类药用植物的采收

（1）采收时间

乔木的木质部或其中的一部分，如苏木（心材）、沉香等。大部分全年都可采收；木质藤本植物宜在全株枯萎后采收或者是秋冬至早春前采收；草质藤本植物宜在开花前或果熟期之后采收。

（2）采收方法

茎类采收时用工具砍割，有的需要修剪去无用的部分，如残叶或细嫩枝条，根据要求切块、段或趁鲜切片，晒干或阴干。

4. 叶类药用植物的采收

（1）采收时间

在植物开花前或者果实未完全成熟时采收，色泽、质地均佳；少数的品种需经霜后采收，如桑叶等；有的品种一年当中可采收几次，如枇杷叶、慈蓝叶（大青叶）等。

（2）采收方法

叶类药材采收时要除去病残叶、枯黄叶，晒干、阴干或炒制。

5. 花类药用植物的采收

（1）采收时间

花类药材入药时有整朵花，也有使用花的一部分，如番红花（柱头）。在整朵花中有的是用花蕾，如金银花、辛夷、款冬花、槐花等；有的是用开放的初花，如菊花、旋复花等，这些只能根据花期来采收；有的则需根据色泽变化来采收，如红花；有些品种还要分批次采收，如红花、金银花；花粉类中药材的采收，宜早不宜迟，否则花粉脱落，如蒲黄、松花粉等。

（2）采收方法

人工采收或收集，花类药材宜阴干或低温干燥。

6. 全草类药用植物的采收

（1）采收时间

地上全草宜在茎、叶生长旺盛期的初花期采收，如淡竹叶、龙芽草、紫苏梗、益母草、荆芥等；全株全草类宜在初花期或果熟期之后采收，如蒲公英、辽细辛等。

（2）采收方法

全草类采收时割取或挖取，大部分需要趁鲜切段，晒干或阴干，带根者要除净泥土。

7. 果实、种子类药用植物的采收

从入药部位来看，有的是果实与种子一起入药，如五味子、枸杞子；还有用果实的一部分，如陈皮和大腹皮（果皮）、丝瓜络（果皮中维管束）、柿蒂（果实中的宿存萼）。果实入药，多数是成熟的，有少量的是以幼果或未成熟的果实入药，如枳实。种子入药时基本上是成熟的，如决明子、白扁豆、王不留行等；也有使用种子的一部分，如龙眼肉（假种皮）、肉豆蔻（种仁）、莲子芯（胚芽）。

（1）采收时间

以果实或种子成熟期为准则，外果皮易爆裂的种子应随熟随采。

（2）采收方法

果实多是人工采摘，种子类为人工或机械收割，脱粒，除净杂质，稍加晾晒。

三、药用植物加工管理

（一）药用植物产地加工的任务

①去除非药用部位、杂质、泥沙等，纯净药材。如根和根茎类药材要除去残留茎基和叶鞘等；全草类药材要除去其他杂草和非入药的根与根茎；花类药材要除去霉烂或不合要求的花类等。②按药典规定的标准，加工制成合格的药材。③保持活性成分，保证疗效。一些含有苷类药材如苦杏仁、白芥子、黄芩等经过初加工后可破坏其含有的酶，从而使活性成分稳定不受破坏，保证疗效。④降低或消除药材的毒性、刺激性或副作用，保证用药安全。⑤干燥、包装成件，以利于储藏和运输。

（二）药用植物加工所需设备

药材加工所需设备因药材而异，主要设备包括工具、机械、蒸煮烫设备和浸渍、漂洗设备。

1. 工具

刀剪、筛、刷子、筐、萎等。工具多用于手工操作。

2. 机械

药材加工所使用的机械主要用于去皮、切片、清选、分级、包装、脱粒等。

3. 蒸煮烫设备

蒸、煮、烫药材使用的设备,如加工用的大蒸笼、大铁锅等。

4. 浸渍、漂洗设备

浸渍、漂洗药材依具体情况配置设备。产量小可以利用生活用具,如缸、盆、桶等;产量大的多修建专用的大池。

（三）药用植物的加工程序和干燥标准

1. 加工程序

清洗、去皮、修整、蒸、煮、烫、浸漂、切制、发汗(鲜药材加热或半干燥后,停止加温,密闭堆积使之发热,内部水分就向外蒸发,当堆内空气含水汽达到饱和遇堆外低温,水汽就凝结成水珠附于药材的表面,如人出汗)、揉搓、干燥。

2. 干燥的标准

以储藏期间不发生变质霉变为准。药材的含水量《中国药典》及有关部省标准均有一定规定,可采用烘干法、甲苯法及减压干燥法等检测。

注意:除了上述方法外,在中药材传统加工上经常采用熏硫的方法,一般在干燥前进行,主要是利用硫磺燃烧产生的二氧化硫,达到加速干燥,使产品洁白的目的,并有防霉、杀虫的作用,如白芷、山药、菊花的产地加工大多使用硫磺熏蒸等。但因硫磺颗粒及其所含有毒杂质等残留在药材上影响药材质量,国家卫生部门已禁止在食品生产加工使用硫磺。

（四）各类药材的加工原则

1. 根与根茎类药材加工原则

采后应去净地上茎叶、泥土和须毛,而后根据药材的性质迅速晒干、烘干或阴干。有些药材还应刮去或撞去外皮后晒干如桔梗、黄芩等;有的应切片后晒干,如威灵仙、商陆等;有的在晒前须经蒸煮,如天麻、黄精等;半夏、附子等晒前还应水漂或加入其他药(如甘草或明矾)以去毒性;有的应去芦如人参、黄芪等；有的还应分头、身、尾，如当归、甘草；有的药材还应扎把，如防风、茜草等。

2.叶、全草类药材加工原则

一般含挥发油较多，故采后宜阴干，有的在干燥前须扎成小把，有的用线绳把叶片串起来阴干。

3.花类药材加工原则

除保证活性成分不致损失外，还应保持花色鲜艳、花朵完整。

4.果实、种子类药材加工原则

果实采后应直接晒干。

5.皮类药材加工原则

一般在采收后除去内部木心，晒干。有的应切成一定大小的片块，经过热烟、发汗等过程而后晒。

第二节　林产品加工及综合利用技术

一、木材加工技术

木材是一种硬度低、密度小、多孔性的植物纤维材料，具有良好的加工性能。对它可以进行任何形式的机械加工、功能性化学加工和表面装饰，在彼此之间及与其他材料之间进行良好的多种连接等。

（一）机械加工

所有的木材都可以用手工工具或机床加工，一般来说，对其机械加工是容易的。

（二）连接性能

木质材料在加工、使用过程中需要进行各种连接，各类木质材料之间以及木质材料与其他材料之间的连接有胶结合、榫结合和钉结合3种主要形式。

（三）化学加工

化学处理是利用木质材料的孔隙性，用各种药剂（如防腐剂、阻燃剂、防虫剂等)浸注到材料内部,使之具有某些特殊性功能,从而扩大材料的使用范围,提高材料的使用寿命。木材适用于进行防腐处理、防虫处理、阻燃处理、尺寸稳定化处理等各种化学加工。

（四）木材防腐处理

1. 木材怎样防腐

木材一个严重缺陷就是腐朽。木材处于腐蚀条件下,3~5年就可以被破坏。但处理好也可以在很长时间内不腐朽,如中国古代遗留下来之千年以上木结构建筑就是证明,引起木材腐朽的原因是受木腐菌(一种最低级植物)的侵害。

木腐菌繁殖需要以下条件:①水分,木腐菌分泌酵素以水为媒介,把木质本身分解为糖作营养,木材含水率在30%~50%时最易腐朽。②有空气。③适宜的温度10~30℃。

木材最主要的防腐办法便是降低含水率,一般含水率18%以下木腐菌便无法繁殖。同时,要使木材放置在通风场所,避免受潮,若通风不好,空气相同湿度保持在80%~100%,木腐菌即可生长。对于直接受潮木制品要用防腐剂涂制或浸泡,防腐剂有毒性,使木腐菌不能繁殖生存。最常用防腐剂有煤焦油(俗称臭油,炼焦之副产品),或3%的氟化钠水溶液。

2. 木材防腐剂

木材防腐剂是一种化学药剂,在采用某种办法将它注入木材中后,可以增强木材抵抗菌腐、虫害、海生钻孔动物侵蚀等的作用。

木材防腐剂的分类有以下多种方法。

①按防腐剂载体的性质可分为水载型(水溶性)防腐剂、有机溶剂(油载型、油溶性)防腐剂、油类防腐剂。该分类方法最常用,其对木材防腐剂的分类如。②按防腐剂的组成可分为单一物质防腐剂与复合防腐剂,如防腐油属前者,而混合油属于后者,氟化钠属于前者,铜铬砷(CCA)属于后者。③按防腐剂的形态可分为固体防腐剂、液体防腐剂与气体防腐剂。

3. 木材防腐剂的基本要求

一种好的木材防腐剂应当具备以下一些基本条件。

（1）毒效大

木材防腐剂的效力主要是由其对有害生物的毒性决定的，就是说这种防腐剂必须对危害木材的各种昆虫、细菌或海洋钻孔类动物是有毒的，毒性越大，其防腐的效果就越强。

（2）持久性与稳定性好

木材防腐剂应具有较为稳定的化学性质，它在注入木材后，在相当长的一段时间里，不易挥发，不易流失，持久地保持应有的毒性。

（3）渗透性

强木材防腐剂必须是容易浸透入木材内部，并且有一定的透入深度。

（4）安全性高

木材防腐剂对危害木材的各种菌虫要有较高的毒性，但同时它应当对人畜是低毒或无毒的，对环境不会造成污染或破坏。随着人类对环境与可持续发展的关心，一些曾经广泛使用但被证明会造成环境污染的防腐剂逐步为人们所淘汰，如汞、铅、砷类防腐剂。

（5）腐蚀性低

由于在防腐处理过程中要使用各种金属容器作为设备，因此防腐剂对金属的腐蚀性是一个必须引起重视的问题，在各种防腐剂中有的是偏酸性，有的是偏碱性酸性防腐剂对钢、铁具有较强的腐蚀性，碱性防腐剂对铝、铜等有色金属具有腐蚀性因此防腐剂对各种金属的腐蚀性要小，偏于中性的比较理想。

（6）对木材材性损害小

木材具有适当的力学强度，有良好的纹理和悦人的色泽，经防腐处理后，对木材的材性多少会造成一定的影响，但是以不影响其使用为度。如水载型防腐剂应当不影响木材的油漆性能，对木材的胀缩性影响小，建筑结构材不会影响其强度。

（7）价格低、货源广

为了促进木材防腐工业的发展，木材防腐剂必须有充足的货源，而且原材料价格低，具有竞争力。

完全符合上述各项条件，十全十美的木材防腐剂是很难做到的，人们只能根据木材的使用环境及使用要求，选择综合性能较好的防腐剂。

二、木材防变色

(一)木材光变色的防治

若木材的材面已经产生了光变色,可采用砂光或刨切的方法除去变色层。如果变色层很浅,可采用漂白的方法除去材面的发色化合物,如使用过氧化氢、亚氯酸钠等。对未产生光变色的木材可采用如下方法处理。

1. 物理方法

在物理方法中用得最多的是采用色漆或清漆覆盖木材表面。由于油漆可选择的颜色范围广泛,涂刷方便,效果良好,所以长期以来人们广泛使用这一方法,用于家具和装饰等。但是漆料透明性差,不能展现完美的木材天然纹理与颜色。虽然采用清漆可弥补这一缺陷,但是清漆对水敏感性强、漆膜脆,易脱落,使用寿命短。无论色漆或清漆均不具防腐效能。

2. 化学方法

①紫外线吸收剂;②改变木材组分的官能团,破坏参与变色的物质结构;③木材的染色。

(二)木材的化学试剂变色的防治

1. 酸变色

对于用酸处理去除铁污染的木材,应充分水洗或添加磷酸氢二钠,防止酸变色。对于表层变色可用刨切或砂磨的方法去除,化学消除的方法如下:①在 2% ~10% 的过氧化氢水溶液中,加入氨水,调出 pH 为 7.0 ~8.0,涂于污染表面;②将 0.2% ~2% 的亚氯酸钠水溶液,调至弱碱性,涂于污染表面;③将 0.1% ~1% 的硼氢酸钠水溶液,调至弱碱性,涂于污染表面。

2. 碱变色

碱变色常出现在酚醛树脂胶合板的表面,经常与水泥接触的木材表面以及强碱性漂白剂处理后的木材表面等。初期的碱污染可用草酸水溶液去除,浓度应视污染的程度而定。如果污染时间较长。则改用浓度为 2% ~10% 的过氧化氢处理。

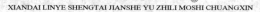

（三）木材漂白

1. 木材漂白的意义

木材漂白，即木材脱色，具有消除浓淡色差、除去各种污染、使材色变淡、防止变色和改变不良材色的作用，是能在保持木材本身质感的前提下，用化学药剂对木材进行处理，使木材色调均匀的加工工程。在利用普通木材仿制天然珍贵树种木材的染色处理之前，也应先进行漂白处理，使材色变浅且均匀一致，最终使得良好的染色效果。由此可见，木材的漂白处理是木材加工过程中十分重要的一环，可以提高木材使用价值，满足人们对木材优雅色调的要求。

2. 木材漂白时漂白剂的选择

理想的漂白效果是在除去有色物质的同时，尽量不损伤材面。在呈色物质能用溶剂抽提时，最好用溶剂抽提的方法；不能用溶剂抽提时，可采用分解呈色物质的方法；在分解有困难时，则应采取对呈色物质改性的方法。分解和改性的方法有氧化法、还原法、甲基化法、乙酰化法等，无论采用哪种方法，原则上都是用尽可能少的药剂，取得尽可能好的漂白效果，也就是最大限度地发挥漂白剂的作用，降耗增益。

木材是一种天然材料，材色在株内、株外都存在着变异性，在选择漂白药剂时，不仅要考虑材面色泽及脱色的难易程度，还要考虑漂白处理工艺的简单易行，药品价格及用量应尽可能地低，药品对人体是否有伤害、对环境是否有污染等因素。

二、果品加工技术

果品加工是以水果、浆果为原料，用物理、化学或生物等方法处理（抑制酶的活性和腐败菌的活动或杀灭腐败菌）后，加工制成食品而达到保藏目的的加工过程。水果通过加工，可改善水果风味，提高食用价值和经济效益，有效地延长水果供应时间。

(一)酿酒技术

1.酿造葡萄酒的工艺流程

(1)选料

俗话说,七分葡萄,三分酿,可见葡萄质量对于葡萄酒的作用了。通常,自酿爱好者用来酿酒的葡萄都是普通的葡萄,还有一些选用山葡萄下面介绍主要葡萄品种的特点。

①山葡萄

山葡萄有颜色深红、多酚物质丰富等优点,但是由于酸度过高,因此不适合酿酒。如果能在完全成熟后采摘,也是不错的酿酒的选择。

②普通的葡萄

这就是我们平常吃到的葡萄。由于酿酒葡萄要求糖度高、酸度低,而且价格便宜,成了酿酒的首选。

葡萄质量的好坏不仅取决于品种、还决于成熟度,所以要在葡萄大量上市的时候购买。

(2)清洗晾干

原料买来后,首先去除有病害、干瘪、发霉的果粒以及青果、烂果。葡萄清洗,或不洗都是各有利弊的。清洗葡萄,可以去除或减少葡萄表面的沙尘、霉菌、虫子、农药等,但是也会带来葡萄吸收水分糖分下降,由于不能完全晾干导致葡萄汁进入部分水。不洗葡萄,则避免了上述风险。质量较好的葡萄完全可以不用水洗,局部葡萄沾染了霉菌等或泥土较多的,需要局部进行清洗。可用自来水淋冲,不需要用任何消毒剂,以免破坏掉葡萄皮上的天然酵母(皮上的白霜)。但是清洗后一定要晾干,可以用剪刀分解为小串。摊开在干净物品上,放到阴凉通风处自然晾干,为加快晾干速度,可用风扇。忌阳光下暴晒。

(3)除梗破碎

清洗晾干后,就可以进行除梗破碎工作了。从现在开始所有接触到葡萄或葡萄汁液的容器和双手都需要干净,容器要求无水无油,双手要洗净。不放心的可以使用医用消毒的一次性手套或者橡胶手套。容器应使用塑料盆或不锈钢,不能用铁制容器。容器可以先用清水洗净,然后用开水烫涮。

如果是玻璃等一些怕高温容器,可以用凉开水洗涮,或者使用高度白酒消毒一切就绪后先摘粒去梗,然后用双手开始破碎,做到果肉和果皮分离即可,很碎的话会使酒液浑浊。

（4）装罐

葡萄破碎后,就可以进行装罐,也可以在主发酵罐里进行破碎工作。要说明的是,破碎后的葡萄溶液不能把容器装满,最好装到容器的三分之二处,因为后期的发酵过程会产生大量气体使液面升高,如果装得很满会出现溢出现象。

（5）加糖

可以在破碎葡萄后一次性加入,也可以在发酵启动后分一两次分期加入。加糖量主要由葡萄品种决定,由于我们是家庭酿造没有专业工具,可以按一定比例加入。如果是巨峰等一些含糖较低的葡萄品种可以按 5:1 ～ 12:1。如果是一些含糖较高的酿酒葡萄建议加糖量在 20:3 ～ 10:1,可以加白砂糖、冰糖等,但是需要用葡萄汁化开才能被酵母菌分解。糖不要放多,否则会影响发酵时间和酒液澄清度,想喝甜葡萄酒的建议饮用时加糖。

（6）主发酵阶段

装罐后一般 24 ～ 48 h 后进入发酵阶段,发酵后会有大量气泡上浮,并且葡萄皮渣也上浮,形成一个比较硬的皮渣帽。由于发酵过程也需要微量氧气且产生的二氧化碳气体较多、所以不要密封,要留有透气孔,以不落入灰尘和小虫子为准就可以了。

（7）分装陈酿

经过澄清后的酒,已经接近成品酒了,口感可以了,但是想要更佳、更香醇的话,那就需要陈酿,陈酿时建议小容量容器,因为陈酿时的酒打开后最好是短期喝完容器可以选用可乐瓶,另外也可以用旧红酒瓶等陈酿时间最好是过了冬天。因为冬季的低温可以把葡萄酒里的酒石酸结晶析出,酒的酸度有所降低。另外就是这么长时间的陈酿,杂醇类物质基本已经得到分解、果香会有所增加。所以陈酿的酒品质肯定更好更香醇,陈酿时需要注意的是要满瓶,密封;低温（8 ～ 10℃最好）;避光储藏,可以采用黑塑料袋遮盖以达到避光目的。值得一提的是,陈酿装瓶前一定要确定所有发酵都完全终止。一般家庭自酿的葡萄酒因为没有添加任何防腐剂,即使按照程序严格操作且酒精度稍高的也只能存放一两年,所以最好在这期间饮用完毕,以免发生变质。

2.酿造白酒

白酒俗称烧酒,是一种高浓度的酒精饮料,一般为 50°~65°。根据所用糖化、发酵菌种和酿造工艺的不同,它可分为大曲酒、小曲酒、获曲酒三大类,其中曲酒又可分为固态发酵酒与液态发酵酒两种。

(1)原料配方

凡含有淀粉和糖类的原料均可酿制白酒,但不同的原料酿制出的白酒风味各不相同一粮食类的高粱、玉米、大麦;薯类的甘薯、木薯;含糖原料甘蔗及甜菜的渣、废糖蜜等均可制酒。此外,高粱糠、米糠、缺皮、淘米水、淀粉渣、甘薯拐子、甜菜头尾等,均可作为代用原料,野生植物,如橡子、菊芋、杜梨、金樱子等,也可作为代用原料。

我国传统的白酒酿造工艺为固态发酵法,在发酵时需添加一些辅料,以调整淀粉浓度,保持酒醅的松软度,保持浆水。常用的辅料有稻壳、谷糠、玉米芯、高粱壳、花生皮等。

(2)酒曲、酒母

除了原料和辅料之外,还需要有酒曲。以淀粉原料生产白酒时,淀粉需要经过多种淀粉酶的水解作用,生成可以进行发酵的糖,这样才能为酵母所利用,这一过程称之为糖化,所用的糖化剂称为曲(或酒曲、糖化曲)。曲是以含淀粉为主的原料做培养基,培养多种霉菌,积累大量淀粉酶,是一种粗制的酶制剂。目前常用的糖化曲有大曲(生产名酒、优质酒用)、小曲(生产小曲酒用)和缺曲(生产数曲白酒用)。生产中使用最广的是数曲。

此外,糖被酵母菌分泌的酒化酶作用,转化为乙醇等物质,即称之为乙醇发酵,这一过程所用的发酵剂称为酒母。酒母是以含糖物质为培养基,将酵母菌经过相当纯粹的扩大培养,所得的酵母菌增殖培养液。生产上多用大缸酒母。

(3)使用的设备

①原料处理及运送设备

有粉碎机、皮带输送机、斗式提升机、螺旋式输送机、送风设备等。

②拌料、蒸煮及冷却设备

有润料槽、拌料槽、绞龙、连续蒸煮机(大厂使用)、甑桶(小厂使用)、晾渣机、通风晾渣设备。

③发酵设备

水泥发酵池(大厂用)、陶缸(小厂用)等。

④蒸酒设备

蒸酒机(大厂用)、甑桶(小厂用)等。

我国的白酒生产有固态发酵和液态发酵两种,固态发酵的大曲、小曲等工艺中,数曲白酒在生产中所占比重较大。

(4)制作方法

①原料粉碎

原料粉碎的目的在于便于蒸煮,使淀粉充分被利用。根据原料特性,粉碎的细度要求也不同,薯干、玉米等原料通过 20 孔筛者占 60% 以上。

②配料

将新料、酒糟、辅料及水配合在一起,为糖化和发酵打基础口配料要根据甑桶、窖子的大小、原料的淀粉量、气温、生产工艺及发酵时间等具体情况而定,配料得当与否的具体表现,要看入池的淀粉浓度、醅料的酸度和疏松程度是否适当,一般以淀粉浓度 14% ~ 16%、酸度 0.6 ~ 0.8、润料水分48% ~ 50% 为宜。

③蒸煮糊化

利用蒸煮使淀粉糊化。有利于淀粉酶的作用,同时还可以杀死杂菌,蒸煮的温度和时间视原料种类、破碎程度等而定。一般常压蒸料 20 ~ 30 min。蒸煮的要求为外观蒸透,熟而不黏,内无生心即可。

将原料和发酵后的香醅混合,蒸酒和蒸料同时进行,称为混蒸混烧,前期以蒸酒为主,甑内温度要求 85 ~ 90 Y,蒸酒后,应保持一段糊化时间若蒸酒与蒸料分开进行,称之为清蒸清烧。

④冷却

蒸熟的原料,用扬渣或晾渣的方法,使料迅速冷却,使之达到微生物适宜生长的温度,若气温在 5 ~ 10℃ 时,品温应降至 30 ~ 32℃,若气温在 10 ~ 15℃ 时,品温应降至 25 ~ 28℃,夏季要降至品温不再下降为止。扬渣或晾渣同时还可起到挥发杂味、吸收氧气等作用。

⑤拌醅

固态发酵麸曲白酒,是采用边糖化边发酵的双边发酵工艺,扬渣之后,同时加入曲子和酒母。酒曲的用量视其糖化力的高低而定,一般为酿酒主料的 8% ~ 10%,酒母用量一般为总投料量的 4% ~ 6%(即取 4% ~ 6% 的主料作培养酒母用)。为了利于酶促反应的正常进行,在拌醅时应加水(工厂称加浆),控制入池时醅的水分含量为 58% ~ 62%。

⑥入窖

发酵力入窖时醋料品温应在 18 ~ 20℃(夏季不超过 26℃),入窖的酵料既不能压得过紧,也不能过松,一般掌握在每立方米容积内装醋料 630 ~ 640 kg 为宜。装好后,在醋料上盖上一层糠,用窖泥密封,再加上一层糠。

发酵过程主要是掌握品温,并随时分析醋料水分、酸度、酒量、淀粉残留量的变化发酵时间的长短,根据各种因素来确定,3 ~ 5 天不等。一般当窖内品温上升至 36 ~ 37℃ 即可结束发酵。

⑦蒸酒

发酵成熟的醋料称为香醋,它含有极复杂的成分。通过蒸酒把醅中的酒精、水、高级醇、酸类等有效成分蒸发为蒸汽,再经冷却即可得到白酒。蒸馏时应尽量把酒精、芳香物质、醇甜物质等提取出来,并利用掐头去尾的方法尽量除去杂质,酒就一点点地留下来,用陶瓷罐装好,再放在地窖中封藏。

三、综合利川技术

(一)纤维固碳技术

竹纤维,可能很多人都不陌生。竹纤维就成为春夏流行趋势的首选面料,风光无限,然而,很多人可能不知道。一直以来,传统竹纤维制取存在效率低、质量差、污染大等难题。近日,由浙江农林大学承担的重大科技专项"天然竹纤维高效加工成套技术装备研究与开发",攻克了这一行业难题。

摸上去有些细、软,还带着滑滑的丝绒感,竹纤维制品相比其他面料的产品,尤其是棉制品,具有十分显著的特征,竹纤维是从竹类中提取出来的一种再生植物纤维,被称为是继棉、麻、毛、丝之后人类应用的第五大天然纤维。

长期以来,毛竹开发利用仅停留在竹地板、竹家具以及竹材工艺品等劳动密集型产品,科技含量、资源利用率、附加值都比较低,同时,竹纤维的提取受到竹种、竹龄的限制,需要将整根竹子经过切割锯断分片,效率低、质量差、污染大成为行业难题。

(二)沼气综合利用技术

1.建造和优化设计沼气池

农村家用沼气池是生产和贮存沼气的装置,它的质量好坏,结构和布局是否合理,直接关系到能否生产好、用好、管好沼气。因此,修建沼气池要做到设计合理,构造简单,施工方便,坚固耐用,造价低廉。这就要求选择合理的沼气池设计方案以及建筑材料,还要保证沼气池的密闭性。

2.配置沼气发酵原料

农村沼气发酵种类根据原料和进料方式,常采用以秸秆为主的一次性投料和以禽畜粪便为主的连续进料两种发酵方式。沼气发酵要注意以下几点:①发酵原料应保持合适的碳氮比,它是沼气产生的物质基础。沼气产气菌从原料中需吸取的主要营养物质是碳元素、氮元素和一些无机盐等。在其他条件都具备的情况下,碳元素高出氮元素 20～30 倍是满足正常发酵的最佳比例,碳氮比高于或低于这一比例,都会使发酵速度下降,从而降低产气率。②保持稳定的发酵温度。一般认为:45～60℃为高温发酵,30～44℃为中温发酵,8～29℃为低温发酵(也叫常温发酵或自然发酵)。通常情况下,沼气池内温度高于10℃即可产生沼气,高于15℃可正常产气。因此,冬季要注意保温。③适当的料液浓度。一般春秋季应使浓度稍大些,为10%～15%,夏季可以稀一点,为8%～9%,冬季寒冷,应在15%～20%为宜。发酵原料应堆沤预处理,④适宜的酸度。沼气发酵的适宜酸碱度为7～9。⑤正确的发酵方法。在使用过程中要经常搅动池液,按期加料。

3.制备沼气发酵接种物

农村沼气发酵接种物一般采用在老沼气池的发酵液中添加一定数量的人畜粪便。比如,要制备 500 kg 发酵接种物,一般添加 200 kg 的沼气发酵液和 300 kg 的人畜粪便混合,堆沤在不渗水的坑里,并用塑料薄膜密闭封口,1

周后即可作为接种物。如果没有沼气发酵液,可以用农村较为肥沃的阴沟污泥 250 kg,添加 250 kg 人畜粪便堆沤 1 周左右即可;如果没有污泥,可直接用人畜粪便 500 kg 密闭堆沤,10 天后便可作沼气发酵接种物。

(三)森林养生保健

1. 森林疗养功能主要表现

森林疗养功能主要表现在森林小气候、森林环境功能与质量等多方面。

(1)适宜人类生存的森林环境与气候

森林及地貌组合成的森林气候,以温度低、昼夜温差小、湿度大、区域内降雨较多、云雾多等气候特征适应于人类生存,考古学材料证实,人类的漫长童年期就是在森林中度过。森林的存在能大量地制造人类生存所必需的氧气,有效地降低太阳辐射和紫外线对人类健康的危害。据人口普查资料,我国多数长寿老人和长寿区,大都分布在环境优美、少污染的森林地区。法国的朗德森林是在这方面的一个突出例子,这个地区的居民在营造海岸松林分之后,平均寿命有所增长。虽然寿命增长是必然的,但增长的非常突然,于是人们普遍认为长寿受到森林的直接影响。因此,有些资料表明,只要深入森林 100 m 以内散步或停留,就能真正地享受到森林空气,身心得到疗养,常常到林中散步、能够延年益寿。

(2)森林净化空气

森林中空气含尘量少,大气中的飘浮尘埃多吸附在森林中的叶片及树枝上。因而空气中的含尘量比公共场所要明显减少。张家界森林公园的杉木幽径的游道空气中每立方米含尘量为 2.22×108 个,阔叶林景点中含尘量为 0.81×108 个,而空旷地游人食宿中心为 5.32×108 个,张家界市汽车站为 3.85×108 个,相差 6.5 倍。

(3)森林降低噪声

噪声低是森林环境的又一特征,林木的存在能消除自然环境中的一些有碍人类健康的噪声。经森林过滤后的声谱,一般人体能够忍受。据研究,绿色植物通过吸收、反射和散射可降低 1/4 的音量。40 m 宽的林带可减低噪声 10~15 dB,30 m 宽的林带可减低 6~8 dB,公园中成片的林木可减低 26~34 dB。由于森林的这种"天然消音器"的作用,可使一些长年生活在噪声环境的游人(工厂和闹市区居民)通过在舒适的声音环境中得到疗养,在身体和心理上都可得到休息和调整。

(4)森林产生负氧离子

在森林的卫生保健功能中,一个重要的作用在于森林能大量产生"负氧离子"。空气中离子分为阳离子与负离子,阳离子对人体健康有害,空气中阳离子过多,会使人感到身体疲倦,精神郁闭,甚至旧病复发。阳离子一般发生于污浊的市区,通气不良的室内。而阴离子又叫负离子,负氧离子有益人类健康,主要能镇静自律神经,促进新陈代谢、净化血液、强化细胞功能、美颜和延寿。一般在空气中负离子含量为 1 000 个,而重工业区只有 220 ~ 400 个;厂房内 25 ~ 100 个;在森林上空及附近负氧离子为 2 000 ~ 3 000 个;在森林覆盖率 35% ~ 60% 的林分内,负氧离子浓度最高,而森林覆盖率低于7% 的地方,负氧离子浓度为上述林地的 40% ~ 50%。尤以森林峡谷地区,峡谷内有较大面积水域时,则空气中负氧离子含量最高。据国外研究表明,负氧离子浓度高的森林空气可以调解人体内血清素的浓度,有效缓和"血清素激惹综合征"引起的弱视、关节痛、恶心呕吐、烦躁郁闷等能改善神经功能,调整代谢过程,提高人的免疫力。能成功地治疗高血压、气喘病、肺结核以及疲劳过度,对于支气管炎、冠心病、心绞痛、神经衰弱等 20 多种疾病,也有较好的疗效。并能杀死感染性细菌,促使烧伤愈合。

(5)森林的绿色心理效应

绿色的基调,结构复杂的森林,舒适的环境等对人的心理作用更是为人们所重视。据游客反映,人们在森林中游憩,普遍感到舒适、安逸、情绪稳定。据测定:游客在森林公园中游览,人体皮肤温度可降低 1 ~ 2℃,脉搏恢复率可提高 2 ~ 7 倍,脉搏次数要明显减少 4 ~ 8 次,呼吸慢而均匀,血流减慢,心脏负担减轻。对于长期生活在紧张环境中的游人,可通过森林疗养在身体和心理上得到调整和恢复。森林的绿色视觉环境,会对人的心理产生多种效应,带来许多积极的影响,调查发现森林公园中的游客在绿色的视觉环境中会产生满足感、安逸感、活力感和舒适感。研究表明,森林主要是通过绿色的树枝,吸收阳光中的紫外线,减少对眼睛的刺激,"绿视率"理论认为,在人的视野中,绿色达到 25% 时,就能消除眼睛和心理的疲劳,使人的精神和心理最舒适。

第三节　森林病虫害防治技术

一、森林病虫害防治技术

(一)我国常见的森林病虫害

最常见的有松毛虫、松干蚧、竹蝗、光肩星天牛、青杨天牛、粗鞘双条杉天牛、杨干象、松毒蛾、松梢螟、杉梢小卷蛾、落叶松鞘蛾、落叶松花蝇等害虫,以及落叶松落叶病、落叶松枯梢病、杉木炭疽病、泡桐丛枝病、枣疯病、松苗立枯病、松针褐斑病、毛竹枯梢病、油茶炭疽病、杨树烂皮病、木麻黄青枯病等病害。

(二)具有重大危险性的森林病虫害

1.松材线虫枯萎病

目前,对松材线虫病的防治采取了清理病死木,杀灭天牛成虫,熏蒸处理病死木和加强对疫区病木的检疫等防治措施,这些措施对防止此病的迅速蔓延扩展起到重要作用。但从全国来说,该病害无论在局部面积还是整体范围上均呈扩展蔓延之势,其主要原因是防治措施不到位;同时,一些新疫点的形成也不排除从国外再度传入病原的可能性。

2.杨树蛀干类害虫和食叶类害虫

在我国,对杨树危害最严重的蛀干类害虫为各种天牛。北方主要是光肩星天牛和黄斑星天牛,南方主要是桑天牛和云斑天牛。我国北方的"三北"防护林由于杨树天牛的危害,一代林网已几乎完全毁灭,二代林网据统计也有80%以上的杨树林受害,其中50%以上的杨树林由于严重受害而不得不完全砍除。目前对杨树天牛的防治除了从树种配置等方面来考虑外,别无其他根治性措施或更有效应用的措施。近几年杨树食叶害虫在河南和江苏大面积暴发成灾,其主要种类为杨扇舟蛾和杨小舟蛾。

(三)危害花木苗圃的主要地下害虫

危害花木苗圃的地下害虫主要有地老虎、蝼蛄、金针虫、白蚁等。

1. 地老虎的防治方法

①诱杀成虫根据成虫的趋光性,在成虫羽化盛期点灯诱杀,或用糖醋毒液毒杀成虫。②种植诱集作物,春季在苗圃中撒播少量蒐菜籽,吸引害虫到蒐菜上危害,以减轻对花木的危害。③人工捕杀。清晨在断苗周围或沿着残留在洞口的被害枝叶,拨动表土 3 ~ 6 cm 可找到幼虫;每亩地用 6% 敌百虫粉剂 500 g,加土 25 000 g 拌匀,在苗圃撒施,效果好。

2. 蝼蛄的防治方法

①灯光诱杀成虫,晴朗无风闷热天气诱集量尤多。②用 50% 氯丹粉加适量细土拌匀,随即翻入地下。约每亩地用药 2 500 g。③蝼蛄具有强烈的趋化性,尤喜香甜物品。因此,用炒香的豆饼或谷子 500 g,加水 500 g 和 40% 乐果乳剂 5 g,制成毒饵,以诱蝼蛄。

3. 金针虫的防治方法

①金针虫的卵和初孵幼虫,分布于土壤表层,对不良环境抵抗力较弱。翻耕暴晒土壤,中耕除草,均可使之死亡。②用防治蝼蛄的方法氯丹粉剂处理土壤。

4. 白蚁的防治方法

①白蚁有趋光性,五六月间点灯诱杀有翅蚁。②用 50% 氯丹乳剂 1 000 倍液浇根,驱杀地下白蚁。③对准蚁巢喷灭蚁。

(四)森林病虫害的危害

我国病虫草鼠害年均发生面积达 54 亿亩,虽经防治挽回大量经济损失,但每年仍损失粮食 4 000 万吨,约占全国粮食总产量的 8.8%。其他农作物如棉花损失率为 24%,蔬菜和水果损失率为 20% ~ 30%。

(五)森林病虫害的预报预测流程

森林病虫害预测预报就是在病虫害发生之前,预先估测出其未来的发生期、发生量、对森林的危害程度以及分布、蔓延范围等。并在掌握一定时间、空间范围内害虫数量变动、病害流行规律的基础上,再进一步研究出便于群众掌握的可操作性强的测报指标和方法。

这项工作很复杂,因为影响害虫种群数量变动,病害流行规律的因素很多,诸如森林病虫害内在的生物学因素,病害的病原物与寄主关系等。外界环境因素以及人类活动。在外界环境因素中一般又可分为生物和非生物因素。生物因素如食物(寄主)、天敌等,非生物因素又包括气候因素和土壤等。而气候因素中又包括有温度、湿度、光照、降水等:由此可见,森林病虫害预测预报工作也是一项技术性很强的工作。所以,要求从事害虫测报工作的人员不仅要有丰富的生态学基础知识,还要有生理学、生物学和数理统计等方面的知识,以及与测报有关的生理、行为等学科的知识。对于从事病虫害测报工作的人员还要有植病流行学、病理学、生物学及生物数学、数理统计、农业气象学等有关知识。不仅如此,测报工作还要有连续性。因为对于森林病虫害来讲,它所处的是一个比较复杂而又十分特殊的生态系统中。我们说天气预测就够复杂的了,然而,天气只是森林病虫害预测中的一个因子。在实际工作中,了解某种森林病虫害自身的生物生态学习性,并非一朝一夕就能办到的,而掌握它的规律就更加不容易,有的病虫种类甚至于要连续观察几年,十几年,多者几十年。这也充分体现了测报工作的长期性,艰苦性,正因为这些原因,做好测报工作还必须有一套科学的管理机制,作为测报工作正常运行的保证。同时,还需要多与各级政府,社会各界进行充分的协调工作,提高全社会的保护森林,保护生态环境的意识,遵守《中华人民共和国森林法》《森林植物检疫条例》《森林病虫防治条例》等的自觉性。

二、森林鼠害防治技术

(一)森林鼠害发生的主要原因

1. 森林害鼠自身特点易对林木造成危害

鼠类的个体小、食性杂,绝大多数营地下生活,在洞穴内繁殖、冬眠和储藏食物,能适应各种恶劣的环境条件,再加上很强的繁殖能力,成为哺乳动物中最大的类群,分布遍于全世界而且,鼠类的齿隙很宽,没有犬齿,门齿呈锄状且终身生长,需经常啃食磨牙;鼠类活动范围很窄,只是固定在离洞穴200 m之内,因此,在适宜的条件下能够迅速增殖、暴发成灾,使大面积的森林毁坏、枯死。

2. 生存环境发生变化引起森林害鼠大发生森林鼠害属于一种生态灾难

其主要原因是自然生态受人为活动等影响失去平衡,引起森林害鼠大暴发。例如,害鼠天敌由于人为捕杀等原因迅速减少,失去天敌制约的森林害鼠就会大量繁殖;其次,由于食物短缺,尤其是在冬季其他食物缺乏时,森林害鼠也会大量地以树木为食,危害森林;另外,由于森林资源采伐过度,林地生态环境受到很大改变,森林害鼠也会为保护种群延续而大量繁殖。

3. 西北特殊的生态环境加剧害鼠危害

西北黄土高原地区气候干旱、环境恶劣,可选择树种少,新造林地林分结构不合理、树种单一,且多为森林害鼠所喜食树种,易受危害。随着退耕还林等工程的实施,西北地区林草植被面积大幅度增加,食物资源丰富,害鼠生存压力减轻,繁殖能力趋强。国家收缴猎枪,实施野生动物保护和封山禁牧,人工捕杀、人畜干扰活动减少,为害鼠种群迅速扩大提供了条件。退耕还林地以前是农田,食物充足,鼠类很多;耕地转为种树后,当地食物相对减少,鼠类被迫以树木为食,危害新植林。

4. 防治措施不力使森林鼠害加重

因对森林害鼠进行防治的方法不科学、药剂使用不当,也会加重其危害。例如,由于长期、单一地使用化学杀鼠剂,森林害鼠产生了抗药性和拒食性而使防治失效,种群数量迅速上升。在退耕还林区,由于还林地为农民自己经营,在经验、技术和资金等方面受到限制,很难对森林鼠害及时、有效治理,退耕还林地的森林鼠害问题日益突出。

(二)鼠害的具体防治措施

1. 生态控制措施

生态控制措施,是指通过加强以营林为基础的综合治理措施,破坏鼠类适宜的生活和环境条件,影响害鼠种群数量的增长,以增强森林的自控能力,形成可持续控制的生态林业。

森林鼠害防治必须从营造林工作开始,要在营造林阶段实施各种防治措施,对森林鼠害预防性治理。

2. 天敌控制措施

根据自然界各种生物之间的食物联系,大力保护利用鼠类天敌,对控制害鼠数量增长和鼠害的发生,具有积极作用。

3. 物理防治

对于害鼠种群密度较低、不适宜进行大规模灭鼠的林地,可以使用鼠夹、地箭、弓形夹等物理器械,开展群众性的人工灭鼠。也可以采取挖防鼠阻隔沟,在树干基部捆扎塑料、金属等防护材料的方式,保护树体。

4. 化学灭鼠

对于害鼠种群密度较大、造成一定危害的治理区,应使用化学灭鼠剂防治。化学杀鼠剂包括急性和慢性的两种,含一些植物,甚至微生物灭鼠剂:急性杀鼠剂(如磷化锌一类)严重危害非靶向动物,破坏生态平衡,对人畜有害,应尽量限制其在生产防治中的使用。

5. 生物防治

生物防治属于基础性的技术措施,要配套使用,并普遍、长期地实行,以达到森林鼠害的自然可持续控制。现在提倡使用的药剂可以分为三种。

(1)肉毒素

肉毒素是指由肉毒梭菌所产生的麻痹神经的一类肉毒毒素,它是特有的几种氨基酸组成的蛋白质单体或聚合体,对鼠类具有很强的专一性,杀灭效果很好,在生产防治中可以推广应用;但是,该类药剂在使用中应防止光照,且不能高于一定温度,还要注意避免小型鸟类的中毒现象。

(2)林木保护剂

林木保护剂是指用各种方法控制鼠类的行为,以达到驱赶鼠类保护树木的目的,包括防啃剂、拒避剂、多效抗旱驱鼠剂等几类,由于该类药剂不伤害天敌,对生态环境安全,可以在生产防治中推广应用,尤其是在造林时使用最好。

(3)抗生育药剂

抗生育药剂是指能够引起动物两性或一性终生或暂时绝育,或是能够通过其他生理机制减少后代数量或改变后代生殖能力的化合物,包括不育剂等药剂。

该类药剂可以在东北地区推广应用,在其他地区要先进行区域性试验。

第四节 森林防火技术

一、森林防火技术

（一）森林防火基础知识

1.扑打山火的基本要领

扑打山火时，两脚要站到火烧迹地内侧边缘内，另一脚在边缘外，使用扑火工具要向火烧迹地斜向里打，呈40°~60°。

拍打时要一打一拖，切勿直上直下扑打，以免溅起火星，扩大燃烧点。拍打时要做到重打轻抬，快打慢抬，边打边进。

火势弱时可单人扑打，火势较强时，要组织小组几个人同时扑打一点，同起同落，打灭火后一同前进。

打灭火时，要沿火线逐段扑打，绝不可脱离火线去打内线火，更不能跑到火烽前方进行阻拦或扑打，尤其是扑打草塘火和逆风火时，更要注意安全。

2.扑救林火

扑打火线中，严禁迎火头扑打；不要在下风口扑打；不要在火线前面扑打；扑打下山火时，要注意风向变化时下山火变为上山火，防止被火卷入烧伤。清理火场时，要注意烧焦倾斜"树挂"、倒木突然落倒伤人，特别是防止掉入"火坑"，发生烧伤。

3.扑救森林火灾的战略

（1）划分战略灭火地带

根据火灾威胁程度不同，划分为主、次灭火地带：在火场附近无天然和人为防火障碍物，火势可以自由蔓延，这是灭火的主要战略地带。在火场边界外有天然和人工防火障碍物，火势不易扩大，当火势蔓延到防火障碍物时，火会自然熄灭。这是灭火地次要地带。先灭主要地带的火，后集中消灭次要地带的火。

（2）先控制火灾蔓延

后消灭余火。

（3）打防结合，以打为主

在火势较猛烈的情况下，应在火发展的主要方向的适当地方开设防火线，并扑打火翼侧，防止火灾扩展蔓延。

（4）集中优势兵力打歼灭战

火势是在不断变化之中的，扑火指挥员要纵观全局，重点部位重点布防，危险地带重点看守，抓住扑火的有利时机，集中优势力量扑火头，一举将火消灭。

（5）牺牲局部，保存全局

为了更好地保护森林资源和人民生命财产安全，在火势猛烈，人力不足的情况下采取牺牲局部，保护全局的措施是必要的。保护重点和秩序是：先人后物，先重点林区后一般林区；如果火灾危及林子和历史文物时，应保护文物后保护林子。

（6）安全第一

扑火时一项艰苦的工作，紧张的行动，往往会忙中出错，乱中出事。扑火时，特别是在大风天扑火，要随时注意火的变化，避免被火围困和人身伤亡。在火场范围大、扑火时间长的过程中，各级指挥员要从安全第一出发，严格要求，严格纪律，切实做到安全打火。

4.扑灭森林火灾三个途径

（1）散热降温

使燃烧可燃物的温度降到燃点以下而熄灭，主要采取冷水喷洒可燃物物质，吸收热量，降低温度，冷却降温到燃点以下而熄灭；用湿土覆盖燃烧物质，也可达到冷却降温的效果。

（2）隔离热源（火源）

使燃烧的可燃物与未燃烧可燃物隔离，破坏火的传导作用，达到灭火目的。为了切断热源（火源），通常采用开防火线、防火沟，砌防火墙，设防火林带，喷洒化学灭火剂等方法，达到隔离热源（火源）的目的。

（3）断绝或减少森林燃烧所需要的氧气

使其窒息熄灭。主要采用扑火工具直接扑打灭火、用沙土覆盖灭火、用化学剂稀释燃烧所需要氧气灭火,就会使可燃物与空气形成短暂隔绝状态而窒息。这种方法仅适用于初发火灾,当火灾蔓延扩展后,需要隔绝的空间过大,投工多,效果差。

二、国内森林防火技术

(一)国内森林防火监测技术

1. 地面巡护

地面巡护,主要任务是向群众宣传,控制人为火源,深入瞭望台观测的死角进行巡逻。对来往人员及车辆,野外生产和生活用火进行检查和监督。存在的不足是巡护面积小、视野狭窄、确定着火位置时,常因地形地势崎岖、森林茂密而出现较大误差;在交通不便、人烟稀少的偏远山区,无法实施地面巡护,需用各种交通工具费用及人员工资费用,只能用视频监测方法来弥补。

2. 瞭望台监测

瞭望台监测,是通过瞭望台来观测林火的发生,确定火灾发生的地点,报告火情,它的优点是覆盖面较大、效果较好。存在的不足:无生活条件的偏远林区不能设瞭望台;它的观察效果受地形地势的限制,覆盖面小,有死角和空白,观察不到,对烟雾浓重的较大面积的火场、余火及地下火无法观察;雷电天气无法上塔观察;瞭望是一种依靠瞭望员的经验来观测的方法,准确率低,误差大。此外,瞭望员人身安全受雷电、野生动物、森林脑炎等的威胁。

3. 航空巡护

航空巡护是利用巡护飞机探测林火。它的优点是巡护视野宽、机动性大、速度快同时对火场周围及火势发展能做到全面观察,可及时采取有效措施。但也存在着不足:夜间、大风天气、阴天能见度较低时难以起飞,同时巡视受航线、时间的限制,而且观察范围小,只能一天一次观察某一林区,如错过观察时机,当日的森林火灾也观察不到,容易酿成大灾,固定飞行费用2 000元/h,成本高,租用飞机费用昂贵,飞行费用严重不足,这就需要用定点视频监测来弥补其不足。

4.卫星遥感

卫星遥感,利用极轨气象卫星、陆地资源卫星、地球静止卫星、低轨卫星探测林火。能够发现热点,监测火场蔓延的情况、及时提供火场信息,用遥感手段制作森林火险预报,用卫星数字资料估算过火面积。它探测范围广、搜集数据快、能得到连续性资料,反映火的动态变化,而且收集资料不受地形条件影响,影像真切。

存在的不足:准确率低,需要地面花费大量的人力、物力、财力进行核实,尤其是交通不便的地方,火情核实十分重要。在接到热点监测报告 2 h 内应反馈核查情况和结果。热点达到 3 个像素时,火已基本成灾。从卫星过境到核查通知扑火队伍时间过长,起不到"打早、打小、打了"的作用。

(二)森林防火隔离带

森林防火隔离带即为了防止火灾扩大蔓延和方便灭火救援,在森林之间、森林与村庄、学校、工厂等之间设置的空旷地带。森林防火隔离带的设置是一种重要的森林防火途径。

开辟森林防火隔离带的目的是把森林分割成小块状,阻止森林火灾蔓延。林业发达的国家很重视开辟防火隔离带。对此,我国十分重视,开辟防火隔离带是国内防止林火蔓延的有效措施之一。在大面积天然林、次生林、人工与灌木、荒山毗连地段,预先做出规划,有计划地开辟防火隔离带,以防火隔离带为控制线,一旦发生山火延烧至防火隔离带,即可阻止山火的蔓延。

(三)森林防火隔离带的分类

林内防火隔离带。就是在林内开设防火隔离带,设置时可与营林、采伐道路结合起来考虑。其宽度为 20~40 m。

林缘防火隔离带。在森林与灌木或荒山接连地段,开辟防火隔离带,也可结合道路、河流等自然地形开辟,其宽度一般为 30~40 m。

(四)设置林场森林防火带的方法

森林防火隔离带设置要与主风方向垂直。首先应找出林区的主风方向,在最前端与主风方向垂直处开设第一条防火隔离带。此处是林场的前缘,设置防火隔离带保护的面积最大、作用最好。

　　森林防火隔离带设置的位置为山脊向下(背风面)或山谷向上(迎风面)处。这些地方是火势发展最慢区,是最宜控制的地区,同时也是植被较少区。在此设置防火隔离带可以有效减少风力作用,效果最好。

　　森林防火隔离带设置的密度一般是结合林地实际和地形确定,但不宜突破 5 km,太远效果差。

　　森林防火隔离带的宽度 40~60 m。草坡一般设 10 m 宽,而乔木、灌木林地一般要设 60 m 宽。

参考文献

[1]李群于,法稳,沙涛毛,等.中国生态治理发展报告[M].北京:社会科学文献出版社,2019.

[2]李悦.产业经济学第5版[M].大连:东北财经大学出版社,2019.

[3]王克勤,涂璟.林业生态工程学南方本[M].北京:中国林业出版社,2018.

[4]刘珉.中国林业发展之路从生态赤字到生态盈余[M].北京:中国林业出版社,2018.

[5]胡豹,黄莉莉.乡村振兴与现代农业多功能战略[M]北京:中国农业出版社,2019.

[6]王海帆.现代林业理论与管理[M].成都:电子科技大学出版社,2018.

[7]张加延.利用非耕地发展经济林[M].北京:中国林业出版社,2018.

[8]樊京玉,闫继忠,姜南.林业生态安全与濒危野生物保护执法研究公安院校青年学者学术文库[M].北京:中国人民公安大学出版社,2018.

[9]孔凡斌,潘丹.长江经济带绿色发展研究水平、路径与机制创新[M].北京:中国环境出版集团,2018.

[10]黄文平.环境保护体制改革研究[M].北京:人民出版社,2018.

[11]李军,赵秀彩,周建忠.林下高效生态种养技术[M].北京:中国农业科学技术出版社,2019.

[12]金相灿.抚仙湖生态环境治理体系构建理论与技术[M].北京:科学出版社,2019.

[13]艾前进.山水林城美丽黄石湖北省黄石市创建国家森林城市纪实[M].北京:经济日报出版社,2018.

[14]张向飞.上海"互联网+"现代农业建设与实践[M].上海:上海科

学技术出版社,2018.

　　[15]王有强.协同推进乡村振兴[M].北京:清华大学出版社,2019.

　　[16]孙涛.中国近现代政治社会变革与生态环境演化[M].北京:知识产权出版社,2018.

　　[17]刘谟炎.美丽中国[M].北京:世界图书出版公司,2019.

　　[18]朱扬勇.大数据资源[M].上海:上海科学技术出版社,2018.

　　[19]梁金浩."互联网+"时代下农业经济发展的探索[M].北京:北京日报出版社,2018.

　　[20]张小波,黄璐琦.中国中药区划[M].北京:科学出版社,2019.